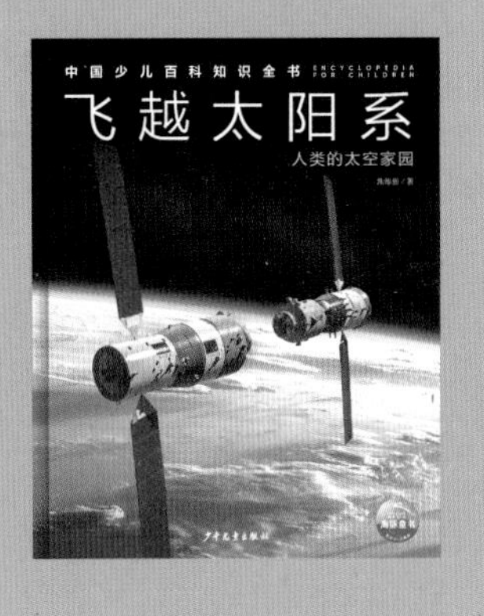

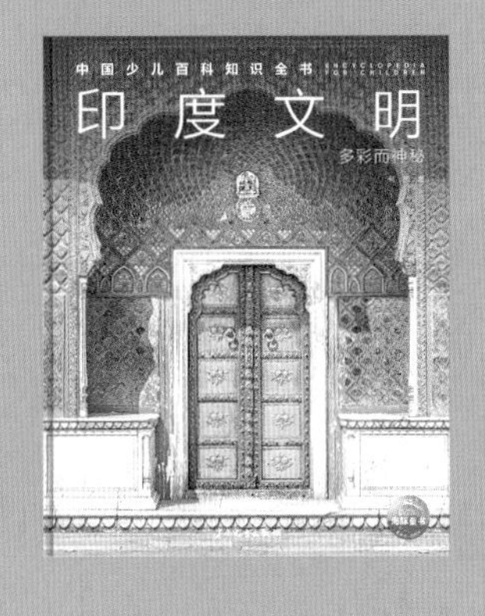

中国少儿百科知识全书 精装典藏本

ENCYCLOPEDIA FOR CHILDREN

精彩内容持续更新，敬请期待

ENCYCLOPEDIA FOR CHILDREN

中国少儿百科知识全书

太空之旅

从遥望星空到穿越虫洞

焦维新 / 著

少年儿童出版社

从肉眼遥望，到天眼观测；从探测器飞离地表，到人类首次登上月球；从发射宇宙飞船，到打造太空实验室——空间站……宇宙的神秘面纱被人类一层层揭开，“上九天揽月”再也不是遥不可及的梦想。

太阳系的广阔超乎想象，然而在浩瀚无垠的宇宙中，太阳系也只是一个微不足道的小光点。如何进行深空旅行？人类有没有可能在太阳系之外找到新的家园？宇宙还有太多奥秘等待我们去揭开。

中国少儿百科知识全书

ENCYCLOPEDIA FOR CHILDREN

总　序

科技是第一生产力，人才是第一资源，创新是第一动力，这三个“第一”至关重要，但第一中的第一是人才。千秋基业，人才为先，没有人才，科技和创新皆无从谈起。不过，人才的培养并非一日之功，需要大环境，下大功夫。国民素质是人才培养的土壤，是国家的软实力，提高全民科学素质既是当务之急，也是长远大计。

国家全力实施《全民科学素质行动规划纲要（2021—2035年）》，乃是提高全民科学素质的重要举措。目的是激励青少年树立投身建设世界科技强国的远大志向，为加快建设科技强国夯实人才基础。

科学既庄严神圣、高深莫测，又丰富多彩、其乐无穷。科学是认识世界、改造世界的钥匙，是创新的源动力，是社会文明程度的集中体现；学科学、懂科学、用科学、爱科学，是人生的高尚追求；科学精神、科学家精神，是人类世界的精神支柱，是科学进步的不竭动力。

孩子是祖国的希望，是民族的未来。人人都经历过孩童时期，每位有成就的人几乎都在童年时初露锋芒，童年是人生的起点，起点影响着终点。

培养人才要从孩子抓起。孩子们既需要健康的体魄，又需要聪明的头脑；既需要物质滋润，也需要精神营养。书籍是智慧的宝库、知识的海洋，是人类最宝贵的精神财富。给孩子最好的礼物，不是糖果，不是玩具，应是他们喜欢的书籍、画卷和模型。读万卷书，行万里路，能扩大孩子的眼界，激发他们的好奇心和想象力。兴趣是智慧的催生剂，实践是增长才干的必由之路。人非生而知之，而是学而知之，在学中玩，在玩中学，把自由、快乐、感知、思考、模仿、创造融为一体。养成良好的读书习惯、学习习惯，有理想，有抱负，对一个人的成长至关重要。

为孩子着想是成人的责任，是社会的责任。海豚传媒

与少年儿童出版社是国内实力强、水平高的儿童图书创作与出版单位，有着出色的成就和丰富的积累，是中国童书行业的领军企业。他们始终心怀少年儿童，以关心少年儿童健康成长、培养祖国未来的栋梁为己任。如今，他们又强强联合，邀请十余位权威专家组成编委会，百余位国内顶级科学家组成作者团队，数十位高校教授担任科学顾问，携手拟定篇目、遴选素材，打造出一套“中国少儿百科知识全书”。这套书从儿童视角出发，立足中国，放眼世界，紧跟时代，力求成为一套深受 7 ~ 14 岁中国乃至全球少年儿童喜爱的原创少儿百科知识大系，为少年儿童提供高质量、全方位的知识启蒙读物，搭建科学的金字塔，帮助孩子形成科学的世界观，实现科学精神的传承与赓续，为中华民族的伟大复兴培养新时代的栋梁之材。

“中国少儿百科知识全书”涵盖了空间科学、生命科学、人文科学、材料科学、工程技术、信息科学六大领域，按主题分为120册，可谓知识大全！从浩瀚宇宙到微观粒子，从开天辟地到现代社会，人从何处来？又往哪里去？聪明的猴子、忠诚的狗、美丽的花草、辽阔的山川原野，生态、环境、资源，水、土、气、能、物，声、光、热、力、电……这套书包罗万象，面面俱到，淋漓尽致地展现着多彩的科学世界、灿烂的科技文明、科学家的不凡魅力。它论之有物，看之有趣，听之有理，思之有获，是迄今为止出版的一套系统、全面的原创儿童科普图书。读这套书，你会览尽科学之真、人文之善、艺术之美；读这套书，你会体悟万物皆有道，自然最和谐！

我相信，这次“中国少儿百科知识全书”的创作与出版，必将重新定义少儿百科，定会对原创少儿图书的传播产生深远影响。祝愿“中国少儿百科知识全书”名满华夏大地，滋养一代又一代的中国少年儿童！

中国科学院院士
火山地质与第四纪地质学家

目　录

ENCYCLOPEDIA
FOR
CHILDREN

冲出地球

从肉眼遥望星空，到用望远镜观测宇宙，再到搭载火箭，飞离地球，遨游太空，人类一步步实现了飞天梦。

载人飞船与空间站

从发射宇宙飞船，实现首次登月，到派出行星探测器，打造太空实验室——空间站，宇宙的神秘面纱被人类一层层揭开。

航天员

你是不是也梦想成为一名航天员，飞向太空，去探索宇宙的秘密？不过，成为航天员并不是一件轻松的事情。

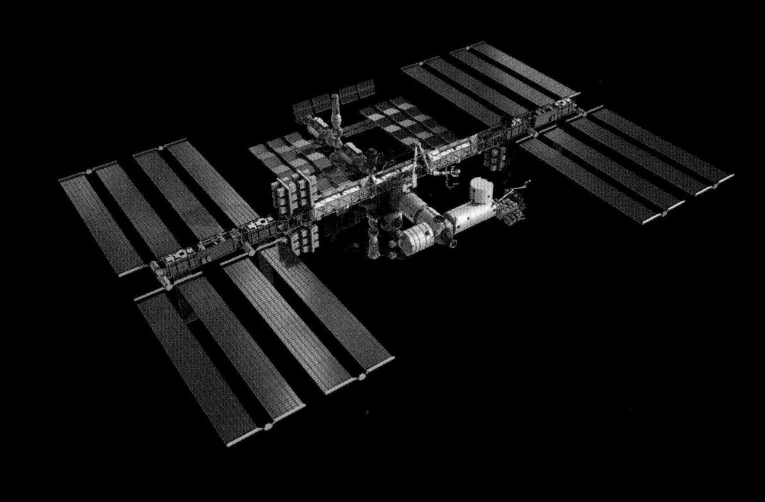

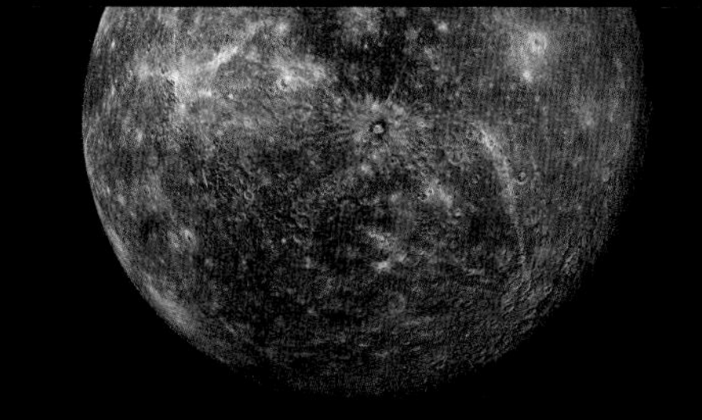

行星际航行

太阳系的广阔超乎想象，其中运行着各种各样的天体。为了了解各位成员的前世今生，人类开启了困难重重的探险之旅。

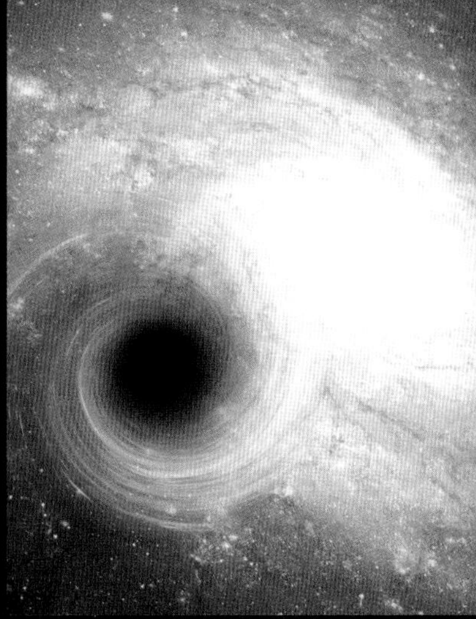

宇宙航行

太阳系之外是更浩瀚的宇宙空间。如何进行深空旅行？人类有没有可能在太阳系之外找到新的家园？宇宙还有太多的奥秘等待我们揭开。

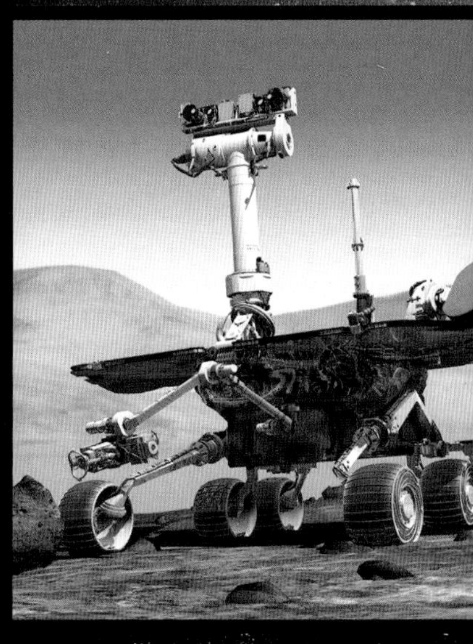

附　录

人类的太空梦

宇宙浩瀚，总能引发人们无限的遐想。数千年前，人们便梦想有一天飞离地球，遨游太空。后来，他们从肉眼遥望，到用望远镜观测，再到登上月球，发射探测器飞向更广阔的宇宙空间，一步步将太空梦从神话变为了现实。

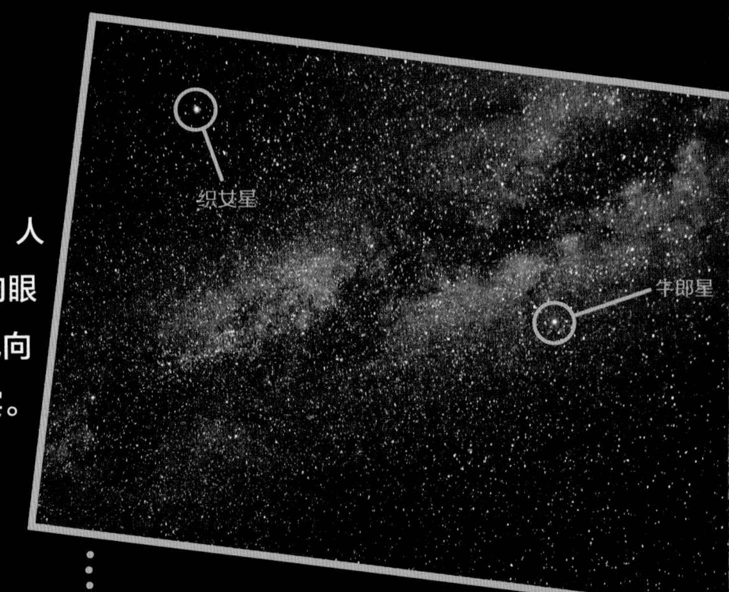

牛郎星位于天鹰座，呈银白色，在银河的东岸。
织女星位于天琴座，呈蓝白色，在银河的西岸。

嫦娥奔月

相传远古时期，射日英雄后羿有一位美丽善良的妻子——嫦娥，她经常接济贫苦乡亲，深受大家喜爱。一日，西王母送给后羿一枚仙药，凡人吃了此药能长生不老，飞天成仙。后羿不愿与嫦娥分离，便让她将仙药藏在百宝匣内。不料，仙药之事竟被跟随后羿学艺的奸诈小人逄蒙知道了。八月十五这天，后羿带众弟子出门狩猎。心怀鬼胎的逄蒙称病，未与众人一同前往，待后羿一行人走远，闯入后羿家中，逼迫嫦娥交出仙药。见嫦娥不肯，逄蒙便自己翻箱倒柜找了起来。眼见逄蒙走近百宝匣，嫦娥只好抢先一步，一口吞下了仙药。突然间，她飘飘悠悠地飞了起来，飞出窗子，飞过郊野，直奔夜空中的明月而去……

明朝画家唐寅画作中的嫦娥

银河之旅

《博物志》是中国西晋文学家张华所著的志怪小说集。书中记述了每年八月有人乘浮槎，沿着天河到达牵牛星的故事。“天河与海通。近世有人居海渚者，年年八月有浮槎去来，不失期……十余日中，犹观星月日辰……正是此人到天河时也。”浮槎就是传说中往来于大海和天河之间的木筏，天河就是银河。这是中国人很早开始想象的“太空之旅”。

明朝画家郭诩在画作中描绘了想象中的银河。

鹊桥相会

相传，织女是玉皇大帝的第七个女儿，她擅长织布，每天为天空织彩霞。一天，织女下凡游玩，遇到了牛郎。两人一见钟情，结为夫妇，生下一儿一女，过上了男耕女织的生活。王母娘娘得知后大怒，下令将织女捉回。牛郎看到妻子被抓走，便带上儿女去追。眼看就快要追上了，王母娘娘用发簪划出一道天河，让他们无法相会，只允许两人每年农历七月七相会一次。牛郎和织女真挚的感情感动了喜鹊，每年七夕，无数喜鹊飞来，用身体搭成一道跨越天河的鹊桥，让他们在鹊桥上相会。

“迢迢牵牛星，皎皎河汉女。”牛郎和织女的名字来源于牵牛星和织女星，而故事中的天河就是银河。

万户飞天

相传明朝有位官员叫万户，他喜欢钻研科学，为了实现飞天的梦想，特意自制风筝和火箭，进行飞天试验。万户给椅子的靠背装上 47 支火箭，然后命人把自己绑在椅子上，双手举着大风筝，希望利用火箭的推力让自己飞离地面，再借助风筝的力量在天空飞行。万户让人同时点燃 47 支火箭，虽然椅子飞升到了空中，但不幸的是，火药发生爆炸，万户因为这次火箭试验献出了生命。

虽然万户的试验以失败告终，但他是世界上第一个提出借助火箭推力升空的设想，并亲身实践的人，被视为进行载人火箭飞行尝试的先驱。为了纪念万户飞天的创举，国际天文学联合会将月球背面的一座环形山命名为“万户环形山”。

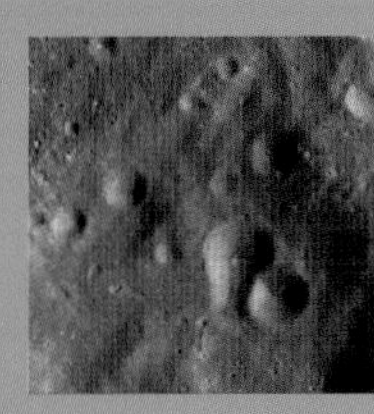

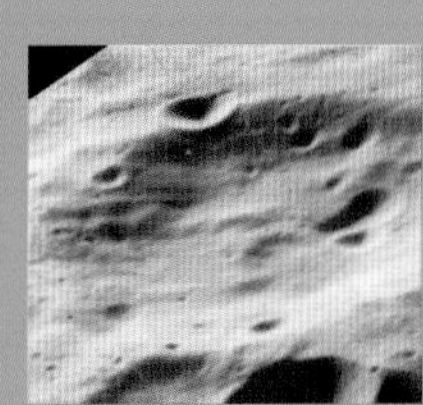

月球轨道器 5 号拍摄的万户环形山

中国的火箭史

中国是最早发明火箭的国家，从最初的燃烧箭，到作为兵器的火箭，再到把卫星和宇宙飞船送入外太空的长征系列火箭，中国的火箭已有约 2000 年的历史。

早期的“火箭”

最初的火箭只是战争中用于火攻的一种“燃烧箭”。人们在箭头处绑上一些浸满油脂、硫黄、松香等易燃物的麻布，点燃后射向远处的敌人。早在三国时期，兵家便多次使用燃烧箭进行火攻。

随着火药的诞生，火药包逐渐取代了易燃物。公元 970 年，北宋官员冯继升等人制作了带火药的箭。火药爆炸产生的推力可以让箭飞得更远，这就是火箭的雏形。此外，民间还流行过一种能高飞的炮仗——“起火”（又称“流星”）。

10—13 世纪，宋、金、元之间的战事频繁。军事需要推动了火药和火药武器的迅速发展。各种火器——霹雳炮、飞火枪和震天雷都曾在战争中被使用。

霹雳炮实际上就是火箭弹，由纸筒制成，内置发射药和炸药，还混有石灰屑。药线被点燃后，燃烧喷出火焰，借反作用推力将武器射向敌方，并引燃炸药。纸筒炸裂后，石灰散发出大量的烟雾，使敌军睁不开眼，士兵便能趁乱突袭。

古代火箭的结构

铁　镞
箭杆（导杆）
箭翎（尾翼）
剪锤（平衡锤）
封顶材料
线眼（燃烧室）
火药筒
发射筒
喷嘴材料
喷火口
药线（引线）

明代的兵器火箭

明代时期，火箭技术和工艺发展达到鼎盛，在世界上处于领先地位。军用火箭种类繁多，水陆作战都可以使用，有“军中利器”的美誉。明将戚继光抗击倭寇入侵时，火箭已是很常用的武器。约 13 世纪，火箭传入阿拉伯国家，又经阿拉伯人传入欧洲。

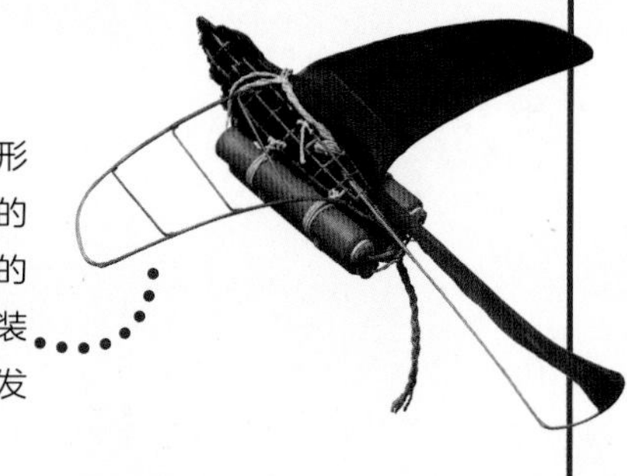

神火飞鸦

这是一种以扎制风筝的形式，结合火箭推动的原理发明的燃烧弹。人们将竹篾扎成乌鸦的形状，内装火药，鸦身下方安装4支“起火”作为动力。点燃发射后，它可以飞行300多米。

“一窝蜂”火箭

它是明代的一种桶形火箭架，32支箭被放在一个大木桶里，一根总引线将它们连接起来。使用时点燃总引线，几十支箭齐发，一窝蜂地向敌人袭去。

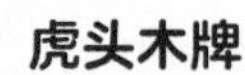

虎头木牌

这是一种防御和进攻相结合的武器。人们在盾形火箭药架上安装4组（共8支）火箭，中间炮口可发射火铳，炮口下方还有2个瞭望孔。

驾火战车

这是一种独轮车载火箭的战车，由2人操作。前有绵帘，需要时可放下，以阻挡铅弹。车两侧设置火箭6筒（共160支）、火铳2支、长枪2支。

火龙出水

龙身用五尺（约1.67米）长的竹筒做成，前后安装木制龙头和龙尾。龙身前后两侧各扎一个大“起火”，龙腹则装有可飞射而出的火箭。使用时，士兵先点燃龙身两侧的大“起火”，“起火”的药筒烧完后，龙腹内的火箭被点燃，从龙口飞出，射向敌人。因其多用于水战，故被人们称作“火龙出水”。火龙出水可能是世界上最早的二级火箭。

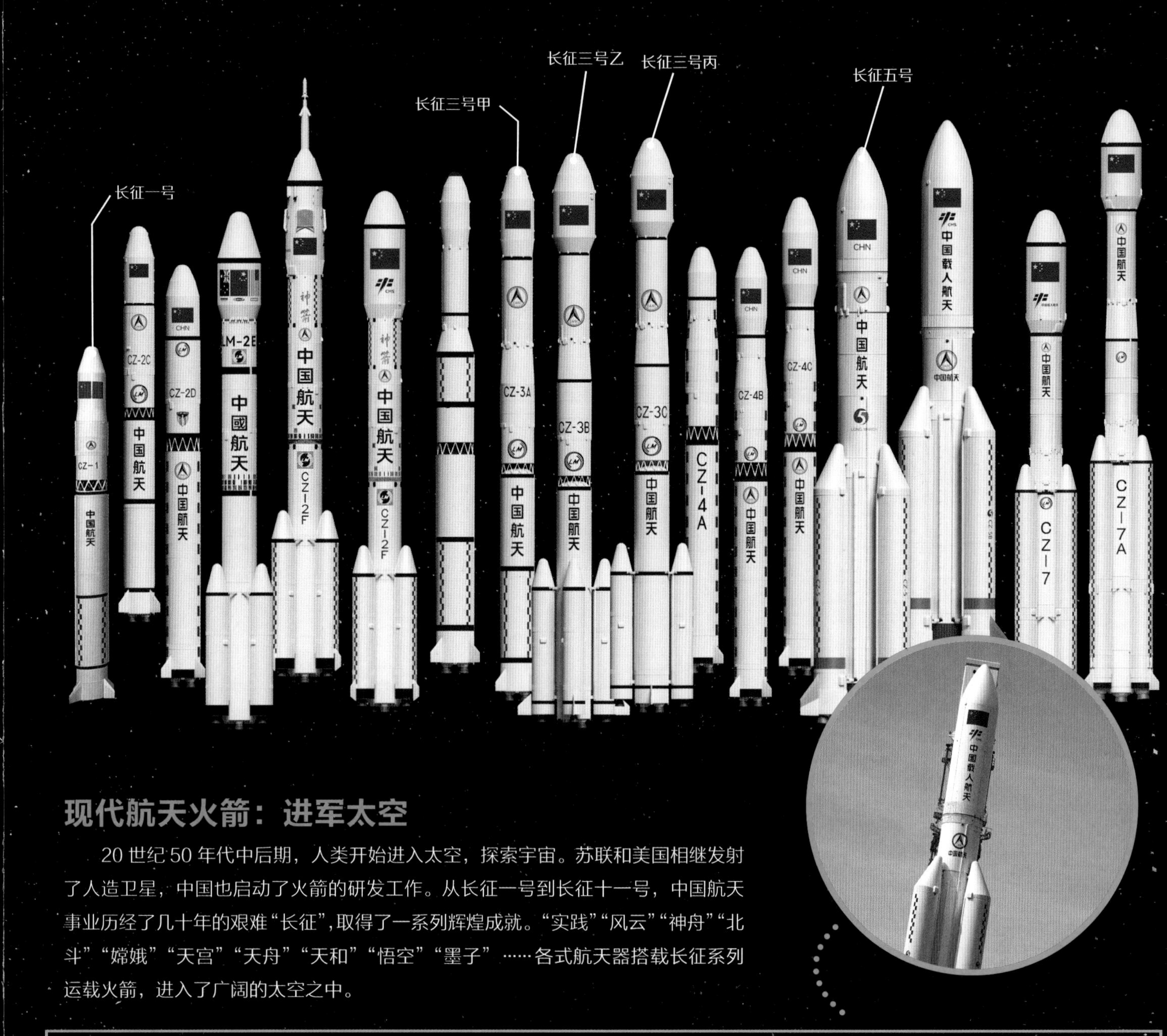

现代航天火箭：进军太空

20 世纪 50 年代中后期，人类开始进入太空，探索宇宙。苏联和美国相继发射了人造卫星，中国也启动了火箭的研发工作。从长征一号到长征十一号，中国航天事业历经了几十年的艰难“长征”，取得了一系列辉煌成就。“实践”“风云”“神舟”“北斗”“嫦娥”“天宫”“天舟”“天和”“悟空”“墨子”……各式航天器搭载长征系列运载火箭，进入了广阔的太空之中。

第一代火箭：长征一号

首飞时间：1970年
身高：29.46米
起飞质量：81.5吨
运载能力：近地轨道300千克
类型：三级运载火箭
推进剂：硝酸-27S、偏二甲肼、聚硫橡胶固体推进剂
重要成绩：将中国第一颗人造卫星发送入轨，使中国成为全球第五个自行研制发射人造卫星的航天大国
现状：已退役

“金牌火箭”三兄弟：长三甲系列

大哥：长征三号甲（代号：CZ-3A）
二哥：长征三号乙（代号：CZ-3B）
小弟：长征三号丙（代号：CZ-3C）
首飞时间：1994年
运载能力：地球同步转移轨道2.6吨/5.5吨/3.9吨
类型：三级液体运载火箭
推进剂：偏二甲肼、四氧化二氮、液氢和液氧
重要成绩：顺利完成100多次发射，是中国发射次数最多的运载火箭系列
现状：在役

体格强健的“胖五”：长征五号

首飞时间：21世纪初
起飞质量：约869吨
运载能力：近地轨道25吨，地球同步转移轨道14吨
类型：两级半低温液体运载火箭
推进剂：液氢、液氧、煤油
重要成绩：使中国运载火箭低轨和高轨的运载能力均跃升至世界第二，标志着中国从航天大国迈向航天强国
现状：在役

火箭升空的秘密

有一种爆竹俗称“二踢脚”，它先是“咚”的一声竖直飞向空中，接着是“砰”的一声在空中爆炸。爆竹利用下层火药爆炸时向下喷射的气流，产生向上的推力，由此获得一定的速度，冲入空中。这个看似简单的工艺和原理，就藏着火箭升空的秘密。

对于火箭来说，比冲，也就是单位质量推进剂所产生的推力，是衡量火箭发动机效率的重要参数。比冲越大，火箭的发动机效率越高。推进剂的化学能、燃烧效率、喷管效率和喷管形状都直接影响比冲的大小。

火箭的动力

现代火箭的构造虽然很复杂，但基本原理仍然与“二踢脚”的类似，它利用喷出物质产生的反作用力，一飞冲天。不同的是，现代火箭的速度很快，它需要强劲有力的发动机。目前运用最广泛的两种火箭发动机为液体火箭发动机和固体火箭发动机。

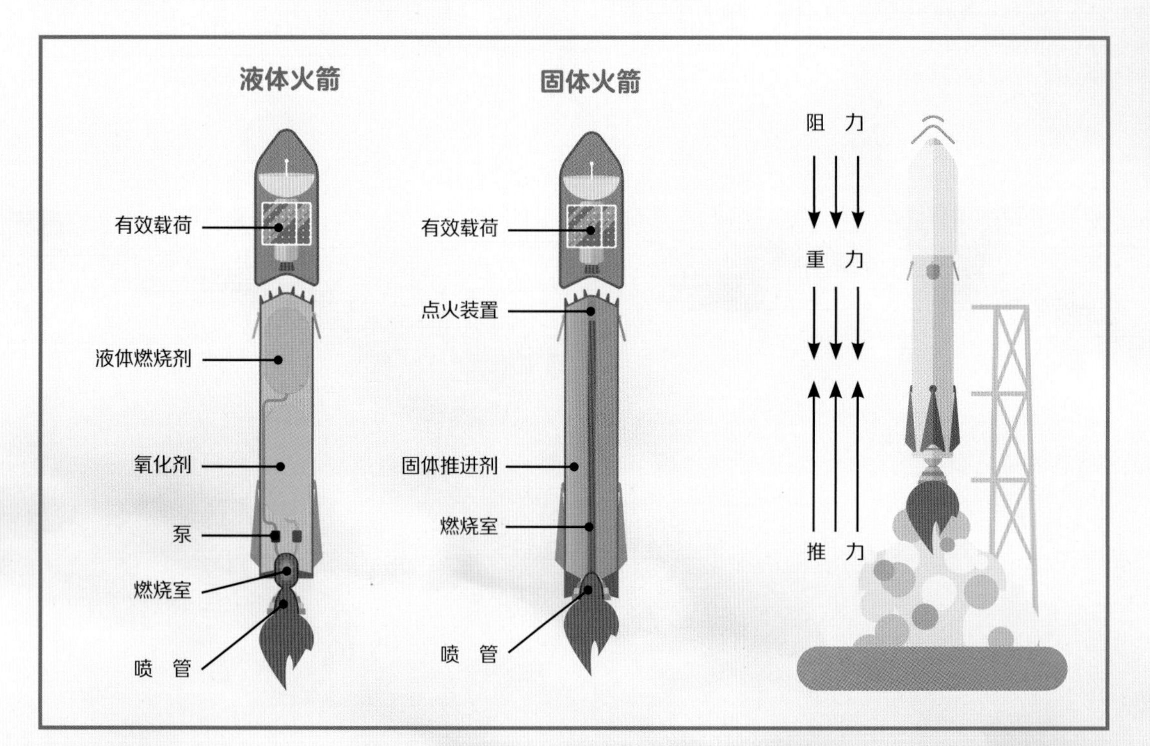

液体火箭发动机指使用液体推进剂（包括液体燃烧剂和氧化剂）的火箭发动机。发动机工作时，推进剂被输送至燃烧室，经雾化、蒸发、混合和燃烧，生成高温高压的燃气，再通过喷管加速至超声速喷出，由此产生向上的推力。液体火箭发动机常用的氧化剂有四氧化二氮和液氧，燃烧剂有偏二甲肼、煤油和液氢等。目前我国新型运载火箭发动机使用的推进剂大多是液氧和煤油。

固体火箭发动机的燃料和氧化剂是以固态直接储存在火箭发动机里的。北宋冯继升等人发明的火箭兵器是现代固体火箭的雏形。近年来，固体火箭因为具有结构简单、可靠性高、成本低、发射机动性强等优点，颇受军事用户和低轨小卫星发射商的喜爱。

为什么要使用氧化剂?

空气中的氧气含量无法满足火箭燃烧剂燃烧时对氧气的需求，氧化剂可以加速燃烧。当火箭进入高空后，空气非常稀薄，火箭就更需要氧化剂助力燃烧过程。

康斯坦丁·齐奥尔科夫斯基（1857—1935）

苏联科学家康斯坦丁·齐奥尔科夫斯基是现代火箭理论的奠基人，被誉为“航天之父”。他有一句名言：“地球是人类的摇篮，但人类不可能永远被束缚在摇篮里。”

节节接力赛

要想冲出地球，到遥远的外太空，火箭需要达到一定的速度。然而，单级火箭的动力十分有限，能携带的燃料量也受到限制，这时就需要多级火箭出场了。

多级火箭由两级或更多级火箭组合而成，每级火箭都搭载了各自的火箭发动机。多级火箭能达到的最终速度是各级火箭速度之和。各级火箭独立工作，每级火箭完成任务后随即自动脱落，以减小飞行质量。此外，火箭在不同高度时，可采用不同形式的发动机，从而提高效率。

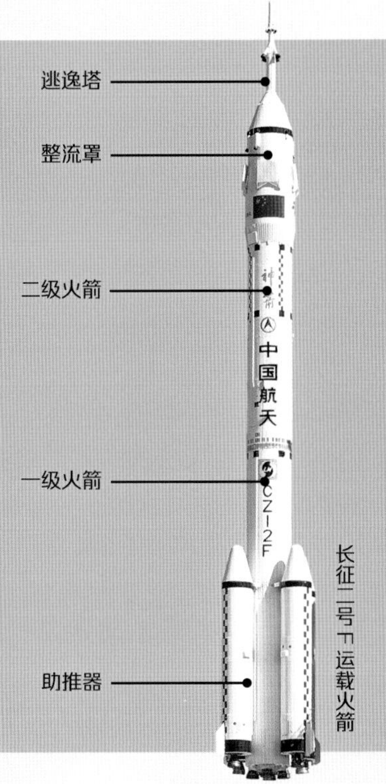

长征二号F运载火箭

最早的航空火箭弹

在第二次世界大战中，德国研发制造了一种地对地攻击的火箭弹 V-1 导弹。在此基础上研制的 V-2 导弹（又称 V-2 火箭）已经具备了现代火箭的基本结构。V-2 导弹可以飞至 100 千米的高空。

V-2 导弹发射!

各种各样的运载火箭

知识加油站

长征九号运载火箭是我国目前正在研制的运载能力最大的一型火箭，其总长近百米，可以满足未来载人月球探测、火星取样返回或探测更远的行星等多种深空探测任务需求。

自第一艘载人飞船东方号发射成功后，人类的太空探索已持续60多年。从发射卫星、行星探测器，到实现载人航天、人类登月，一切都离不开一个重要的载体——运载火箭。运载火箭的研发与应用也已成为衡量各国科技发展的标志之一。

世界各国的运载火箭

52米

阿丽亚娜5型运载火箭

研发机构：
欧洲空间局

它是欧洲空间局研发的运载火箭。2021年12月25日，詹姆斯·韦布空间望远镜搭乘它发射升空。2023年4月14日，它又把木星冰卫星探测器送入太空。

58.2米

质子-M运载火箭

研发机构：
俄罗斯赫鲁尼切夫航天科研生产中心

它的近地轨道运载能力约23吨，是俄罗斯运载能力最强的火箭。质子号系列火箭执行过礼炮号空间站、和平号空间站、和平空间站晶体号和量子号舱体以及航天飞机模型等重要发射任务。

64米

安加拉-A5运载火箭

研发机构：
俄罗斯赫鲁尼切夫航天科研生产中心

安加拉-A5运载火箭的近地轨道最大运载能力可以达到24.5吨。安加拉系列火箭的名字源自俄罗斯西伯利亚地区的安加拉河。

未来的新型火箭

目前，世界各国使用的运载火箭大多是化学火箭，即利用燃料产生的能量供能的火箭。它们的比冲小，能够持续运行的时间短，所以需要携带更多燃料。行星际飞行的探测器在飞往目标的过程中，经常需要进行轨道修正，路途也很漫长，化学火箭无法满足。因此，一些新型火箭被研发出来。

离子推进器：积少成多的力量

与传统火箭一样，它也通过尾部喷射物质向前推进，但喷出的是离子。这项技术已应用到一些航天器中，如美国的黎明号小行星探测器、中国的实践九号卫星等。

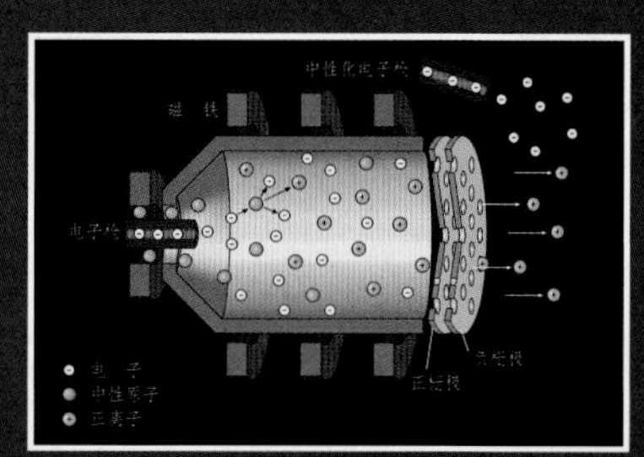

离子推进器结构和工作原理

重型运载火箭

重型运载火箭结构尺寸大，起飞推力大，起飞推力可达 3400 吨，近地轨道运载能力达到 120 多吨。美国阿波罗载人登月计划使用的土星 5 号运载火箭就是重型运载火箭。目前，发展重型运载火箭已经成为各国共识。

7次

土星5号运载火箭曾7次将载人的阿波罗号宇宙飞船送上月球轨道。

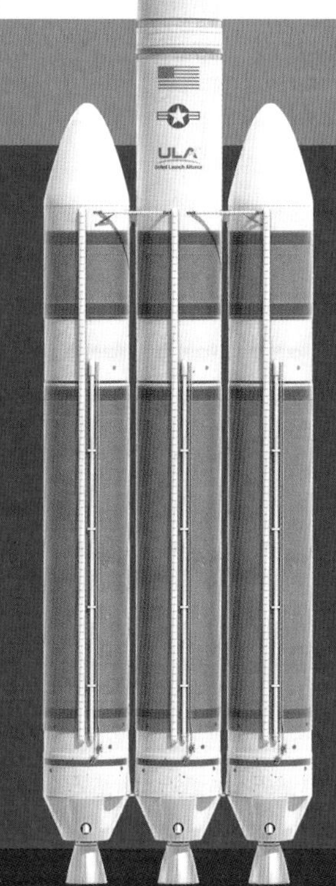

猎鹰重型运载火箭

研发机构：美国太空探索技术公司

它是目前技术最先进、运载能力最大的火箭，近地轨道运载能力达63.8吨。因为运载量大，它可以一次发射多颗卫星，大大降低了发射成本。火箭的整流罩还能回收，反复利用。

德尔塔-4重型运载火箭

研发机构：美国波音公司、联合发射联盟

它的运载能力强、飞行效率高，能胜任包括月球探测、火星探测在内的航天任务。帕克太阳探测器就是搭载着它发射升空的。

第三级发动机
液氢：253 000升
液氧：77 200升

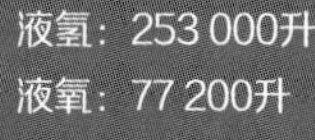

第二级发动机
液氢：1 020 000升
液氧：331 000升

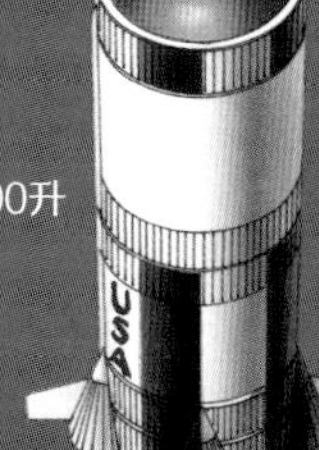

第一级发动机
液氧：1 315 000升
高精炼煤油：811 000升

土星 5 号运载火箭

核动力火箭：离开太阳系的关键

它利用核反应堆产生推力，无论是起飞还是续航都有着无可比拟的优势，让无人飞船的太阳系、恒星际之旅变得有可能实现。但是，因为危险系数大、材料要求高、燃料纯度高，目前的技术水平尚未达到要求。

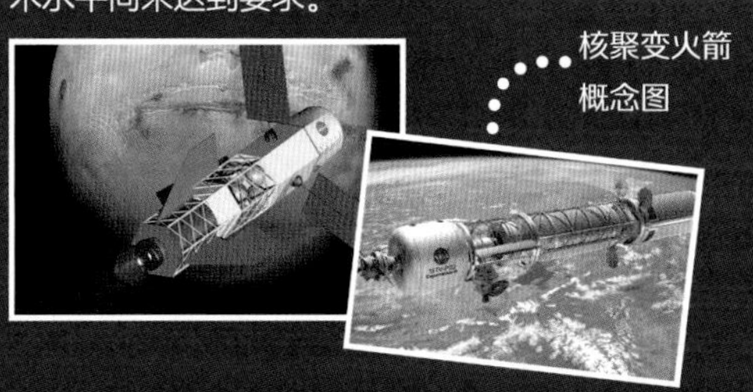

核聚变火箭概念图

神通广大的太阳帆

太阳帆（又称光帆或光子帆）以太阳光对“大镜子”的辐射压力为推动力。“大镜子”就像被风吹动的帆，光被反射时也会给“帆”施加冲力。2019年6月25日，光帆2号宇宙飞船搭乘猎鹰重型火箭升空。

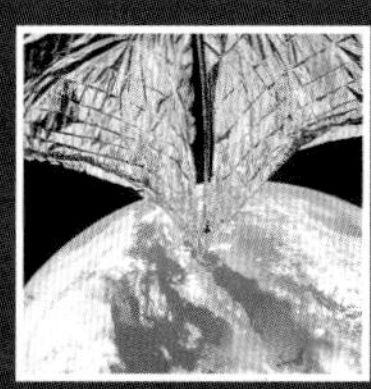

光帆 2 号

太空旅行里程碑

1961

苏联成功发射了第一艘载人飞船——东方1号，苏联航天员尤里·加加林完成了划时代的太空飞行任务，成为世界上进入太空飞行的第一人，开创了世界载人航天的新纪元，揭开了人类进入太空的序幕。

飞行前的尤里·加加林

东方1号宇宙飞船

1965

苏联航天员阿列克谢·阿尔希波维奇·列昂诺夫搭载上升2号飞船升空，并在太空出舱，完成了人类历史上第一次太空“行走”。说是行走，其实他是出舱在太空停留了24分钟。

阿列克谢·列昂诺夫

1965

双子星座3号飞船载人发射升空，并通过引入机载计算机，实现深空机动飞行，开启了宇宙飞船人机结合的新时代。双子星座计划曾10次将航天员送入太空，为之后的阿波罗计划积累了很多经验。

1969

阿波罗计划开始实施。最为著名的是阿波罗11号，它搭载着航天员阿姆斯特朗、奥尔德林、柯林斯登陆月球。阿姆斯特朗说：“这是我个人的一小步，却是人类迈出的一大步。”

阿波罗号宇宙飞船

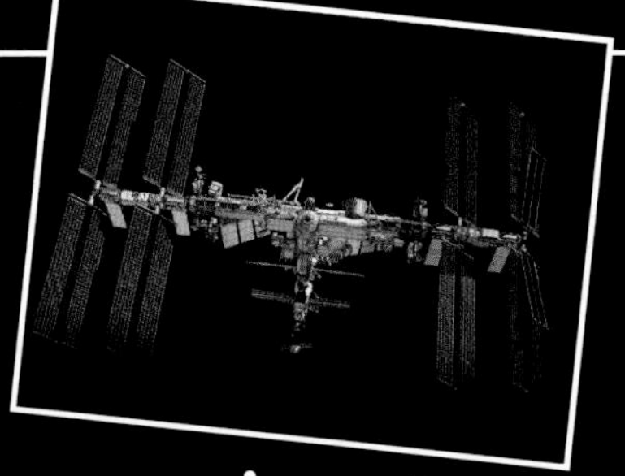
国际空间站

1971

苏联发射了人类历史上第一个空间站——礼炮 1 号。自此到 1982 年间，苏联共发射了 7 个礼炮号空间站。根据礼炮号空间站 10 多年的运行经验，苏联于 1986 年发射了人类第一座现代意义上的、以舱段模块为基础的大型空间站——和平号空间站。

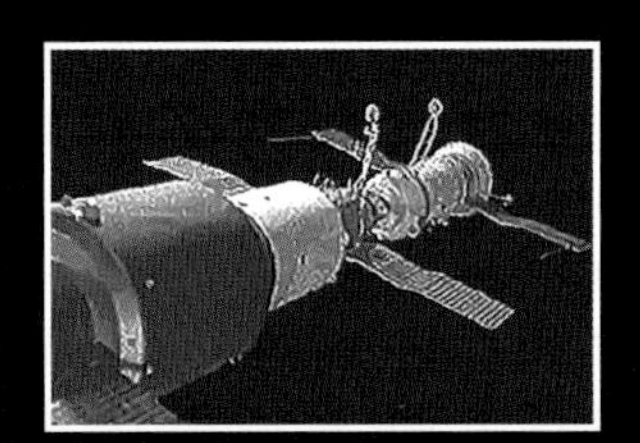
礼炮 1 号空间站

1981

美国研制的航天飞机——哥伦比亚号试飞成功。航天飞机是一种可以重复使用，往返于地球和月球、国际空间站之间的航天器。后因运营成本过高和安全系数低，美国在 2011 年终止了航天飞机的计划。

1998

国际空间站开始建造，一共有 16 个国家参与，历时 12 年建成。国际空间站长约 110 米，宽约 88 米，最多可容纳 6 ~ 7 人。

2003

中国的神舟五号载人飞船发射成功。神舟系列飞船的成功发射，使中国成为世界上第三个能独立发射载人航天飞船，独立掌握空间出舱关键技术，实现太空行走的国家。

神舟号宇宙飞船

2022

中国空间站（又称天宫空间站）于 2022 年建造完毕，最多可容纳 6 人同时在轨工作，航天员在空间站驻留可达 1 年以上。中国成为继俄罗斯之后，以一国之力独自完成空间站建设的国家。

火星快车是欧洲空间局于 2003 年发射的火星探测器，曾探测到火星远古洪流的残留证据。

行星探秘的勇士

目前科学家掌握的技术尚未将人类送到比月球更远的天体上，仅通过天文望远镜观测行星无法对天体进行深入研究，行星和行星际探测器为行星研究打开了新局面。行星探测器是用于探测地球系统以外天体的探测器，包括飞越器、轨道器、着陆器和巡视器。

探测器基本构成

· **数据处理系统：** 收集、存储和预处理各类仪器获得的数据。

· **姿态控制系统：** 既能让航天器保持已有姿态，也能控制其从一种姿态变换到另一种姿态。

· **通信系统：** 将信号发送到卫星地面站。

· **电源系统：** 负责供电，包括太阳能电池、蓄电池、核电池等多种类型。

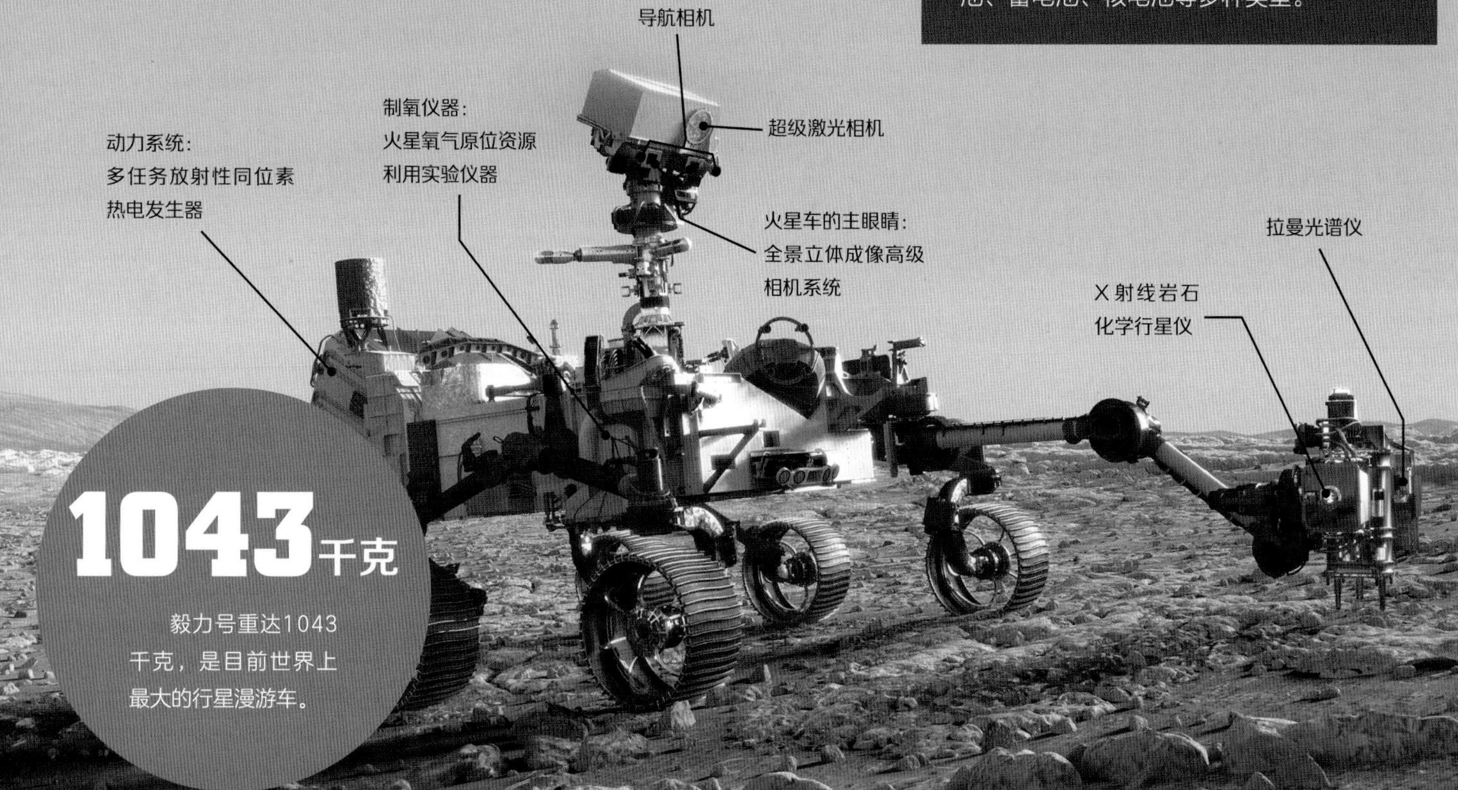

1043千克

毅力号重达1043千克，是目前世界上最大的行星漫游车。

飞越器

飞越器会从行星附近飞过，但不会进入行星的环绕轨道，也不会在行星表面着陆。飞越器只能在飞越行星附近时，在大气层上空（几百千米处）远距离拍摄，因此能够探测到的信息十分有限。同时，它还受限于轨道的相对位置，所以每次探测的都是面对着行星的一面，只能探测到行星表面的部分地区。20 世纪 70 年代，航天探测刚刚起步，科学家掌握的技术有限，人类对行星的探索主要依靠这种方式。

先驱者 11 号空间探测器飞越土星。

轨道器

轨道器不像飞越器一般“匆匆一瞥”，而是进入行星的轨道，环绕行星运行，“陪伴”在行星周围，从而进行较近距离的探测，对行星及其卫星进行全面考察。轨道器到达所要探测的行星附近时，需要调整到合适的速度，让自己被行星的引力捕获，从而顺利入轨。

信使号水星探测器

卡西尼－惠更斯号土星探测器

朱诺号木星探测器

奥德赛火星探测器

着陆器和巡视器

着陆器和巡视器都需要先降落在行星的表面，才能对行星地表、大气，甚至地下的状况进行探测，实现更深入细致的研究。

行星探测器登陆的第一颗行星是金星，该任务由苏联发射的金星7号完成。到目前为止，火星是发射着陆器和巡视器最多的探测对象。太阳系内其他五大行星尚未有行星探测器登陆，4颗气态行星气压巨大，以目前的科学技术可望而不可即；水星靠近太阳，从地球飞往水星的行星探测器不断加速，若不采取其他措施，恐怕很难进入水星轨道。

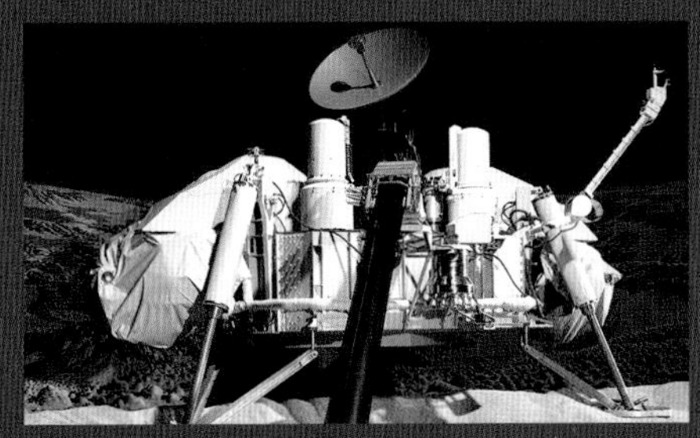

海盗号火星探测器

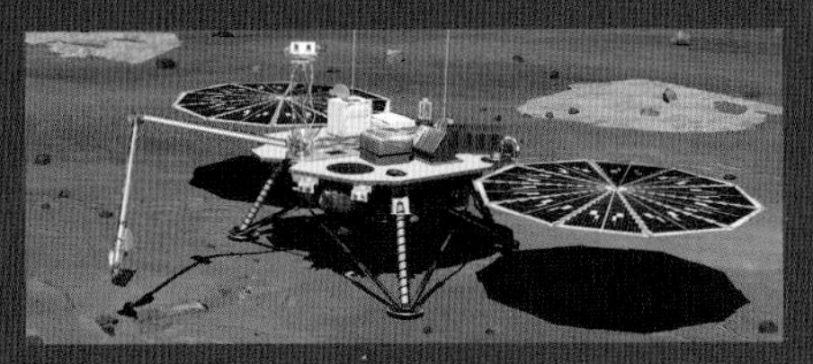

凤凰号火星着陆器

机遇号火星车

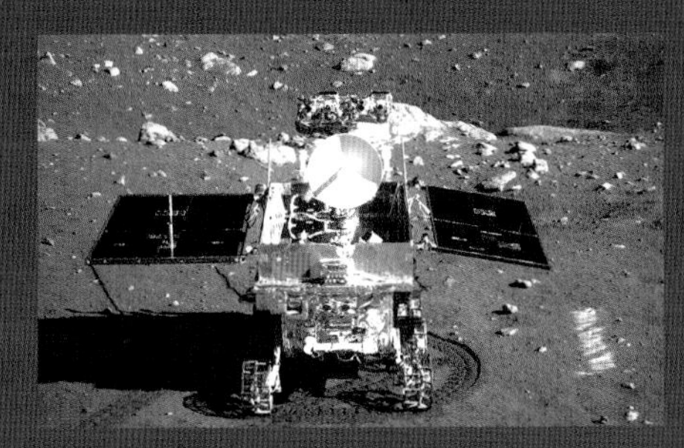

玉兔号月球车

太空中的孤帆

探测器就像茫茫太空中的一叶孤帆，它们会携带些什么东西呢？它们又是怎样在太空中工作的呢？

大力士的助推

行星和行星际探测器在旅行中，常常借助邻近行星的引力助推。行星的质量和体积比探测器大多了，引力也大得多。借助行星强大的引力，行星探测器就可以在消耗较少燃料的情况下，调整运行轨道，顺利接近目标行星。

引力助推的基本原理是速度合成。一个探测器靠近行星时，如果探测器的速度方向与行星运动的方向一致，行星就会“带着”探测器飞行，使探测器增速。探测距离较远的土星时，卡西尼－惠更斯号就经历了两次金星引力、一次地球引力和一次木星引力的助推。

如果探测器的速度方向与行星运动方向相反，借助行星引力，只需要少量燃料进行轨道修正，探测器就可以降低速度，被行星的引力场捕获。信使号经由地球和金星的引力助推，3 次飞越水星，耗时 6 年多才终于进入水星的轨道。

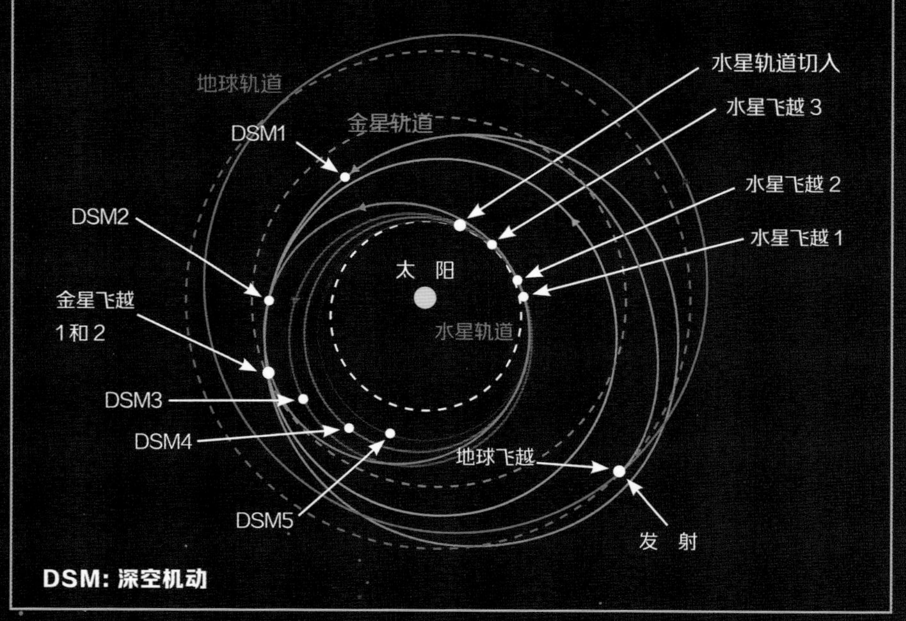

恐怖 7 分钟！

探测器要想到另一个星球上进行考察，必须先平稳安全地降落。火星探测器到达火星附近后，通常要经历“恐怖 7 分钟”，即 7 分钟内完成进入大气层、下降和安全着陆的全部动作。在从火星轨道降落到火星地表的过程中，探测器需要将速度从 4800 米 / 秒降至 0。由于火星空气稀薄，空气阻力几乎只有地球的 1%，因此即使有降落伞的帮助，降速也极其困难，如果失败了，探测器就要在星球表面撞个粉身碎骨。

2100℃

毅力号冲入火星大气层时，与大气摩擦使它的外壳温度升至2100℃。

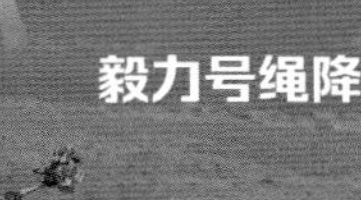

着陆火星

火星车的着陆方式目前主要有三种：一是利用气囊的保护作用，当着陆器撞击到表面后，利用气囊的弹性，使其在行星表面多次弹跳，然后逐渐停下来；第二种方式不采用气囊，主要用调控引擎降低着陆速度，然后靠着陆腿缓冲着陆；第三种方式是在距离行星表面100米左右时悬停，确认着陆点安全后，再像空中吊车那样，把火星车放到行星表面。

❶ 火星探路者利用气囊缓冲系统，在火星着陆。

❷ 凤凰号利用着陆腿，首次实现了在火星表面的软着陆。

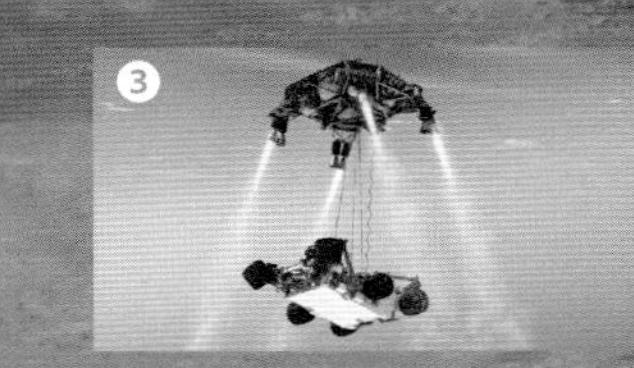

❸ 好奇号利用空中吊车悬停在离火星表面 20 米以上的地方。

2021 年 2 月 18 日，毅力号在火星的耶泽罗陨击坑着陆。

祝融号的火星探索

祝融号是中国天问一号火星探测器搭载的火星车，也是中国首辆火星车，寓意点燃中国星际探测的火种。在顺利登陆火星后，它开展了一系列科学探测。

❶ **导航与地形相机**

为祝融号导航，拍摄立体影像，探测火星车沿途的地形地貌。

❷ **多光谱相机**

获取周围的地形、地貌和地质背景信息；获得岩石、土壤等可见近红外光谱数据；采集天空图像，进行大气、气象和天文研究。

❸ **表面成分探测仪**

探测和分析火星表面的岩石类型、矿物成分。

❹ **表面磁场探测仪**

探测火星表面的磁场指数和电离层中的电流，分析火星内部构造的演变。

❺ **气象观测仪**

通过长期观测火星车附近的气温、气压、风速、风向、声音等气象参数，分析火星的气象状况。

❻ **次表层探测雷达**

探测火星土壤深度和分层情况，分析风化层厚度、地下浅层结构、水冰分布等情况。

太空中的家

空间站是在距离地面 400 千米左右的高空持续运行的移动实验室，也是航天员在太空停留和工作的场所。它的主要功能是为科学实验提供特殊的环境，如微重力、真空等环境。

空间站的发展历程

从 1971 年苏联发射礼炮 1 号空间站开始，苏联和美国先后建设了礼炮系列空间站、天空实验室、和平号空间站。目前在地球上空服役的是由 16 个国家共同参与建造的国际空间站，以及由中国独立建造的中国空间站。

礼炮 1 号空间站 1971 年　天空实验室 1973 年　和平号空间站 1986 年　国际空间站 2011 年　中国空间站 2022 年

星辰号服务舱
曙光号功能货舱
集成桁架结构
太阳能电池板
希望号实验舱
和谐号节点舱
命运号实验舱
宁静号节点舱
团结号节点舱
哥伦布号实验舱

国际空间站

国际空间站的参与建造机构包括美国国家航空航天局（NASA）、俄罗斯联邦航天局（RFSA）、日本宇宙航空研究开发机构（JAXA）、加拿大航天局（CSA）和欧洲空间局（ESA）等。1998年，作为国际空间站的第一个组件，俄罗斯的曙光号功能货舱发射成功，标志着国际空间站建造工程的启动。此后，各功能模块陆续被送入轨道装配。2011年，国际空间站完成建造任务，并开始全面启用。

空间站有什么用?

国际空间站为诸多科学实验提供了绝佳的微重力环境，在过去的 20 多年里，航天员已经完成了超过 3000 项科学实验。这些实验和研究不仅能让生命为适应恶劣的太空环境做好准备，也有助于新技术的开发和应用，如材料提纯、金属冶炼、制药育种等。

事实上，在空间站中，航天员本身也是一种实验样本。太空研究的一项重要内容是研究微重力环境对人体的生理影响，以及长期生活在狭小、封闭的环境里对航天员心理的影响。

4个

国际空间站有4个实验舱：命运号实验舱、哥伦布号实验舱、希望号实验舱和科学号多功能实验舱。

扁虫再生实验

扁虫有很强的再生能力，当它们老化或者受损时，体内会再生出新的细胞。在微重力环境和微地磁场条件下，这些再生细胞还能不能发挥作用呢？这项研究对再生医学的发展有重要意义。

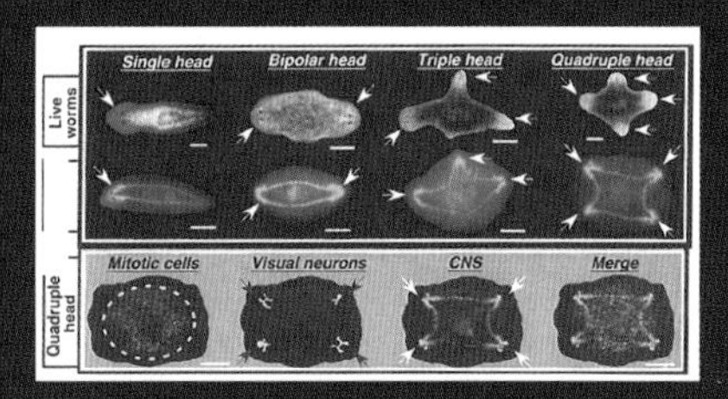

不同组的扁虫对比

太空中的鱿鱼

夏威夷短尾鱿鱼生活在深海，它依靠体内的发光细菌在黑暗中发光。为了研究动物（鱿鱼）与微生物（发光细菌）之间的互利关系是否会发生改变，航天员将它带上了太空。

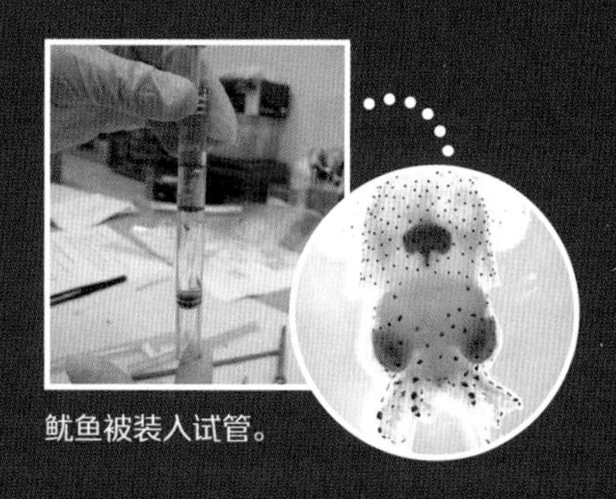

鱿鱼被装人试管。

火焰变圆了?

微重力条件下能够产生形状更圆、温度更低的火焰。在地球上，温度较高的空气上升，温度较低的空气下沉，形成了我们常见到的火苗状火焰。当重力很小时，这种差异就不存在了，火焰呈圆形。

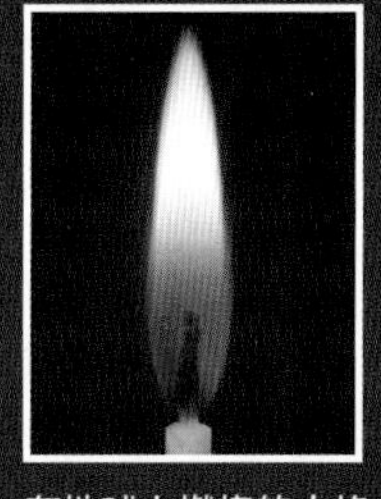

在地球上燃烧的火焰

微重力环境下的火焰

“天宫”变为现实

“不知天上宫阙，今夕是何年。”中国古代诗词歌赋中不乏对天宫的想象。如今，科学将这些美好的想象变成了现实。这就是名为“天宫”的中国空间站。中国空间站由 1 个核心舱——“天和”，与 2 个实验舱——“梦天”和“问天”组成，同时常态化对接天舟号货运飞船与神舟号载人飞船。

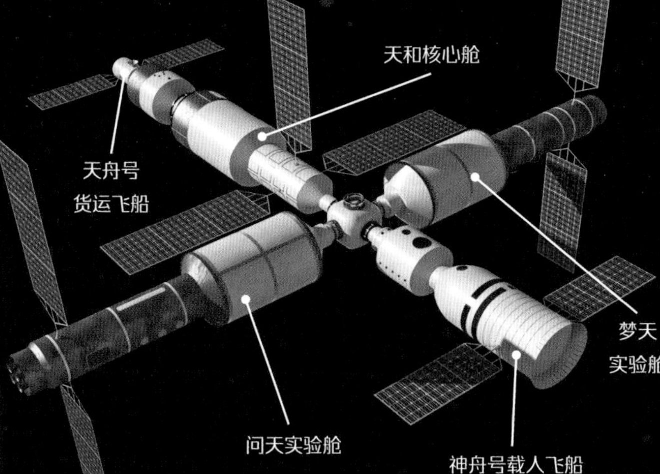

比起国际空间站，中国空间站拥有更强大的太阳能电池技术、计算机技术和空间望远镜，舱内空间利用率更高。不久后，国际空间站或将退役并坠毁，届时中国将有可能成为唯一拥有空间站的国家。

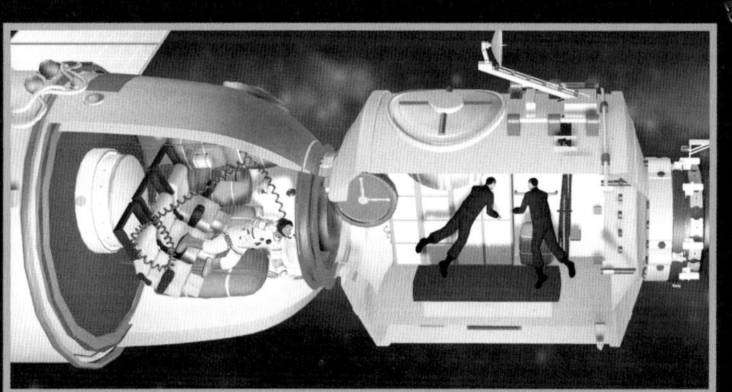

超酷的航天服

太空中大气稀薄，温度变化很大，也没有可供呼吸的氧气，还处处布满了致命的太空辐射，所以航天员需要非常严密的防护。

舱外航天服

舱外航天服是航天员进行舱外作业时的防护装备，除了要保障航天员的安全与健康，还需要提供通信、动力等一系列支持，功能上类似一个迷你载人航天器，因此结构非常复杂。

上身玻璃纤维硬壳（HUT）

它是一种用玻璃纤维制成的背心，连接着生命保障系统。

便携式生命保障系统（PLSS）

这是一个大背包，集合了供氧、循环通风、调节航天服内部压力、过滤废水废气、监测航天员身体指标等多项功能。有了它，航天员才能在真空环境中正常生存。

摄像系统

头盔旁安装了摄像头，以拍摄航天员出舱活动的过程。

头盔

带有镀金涂层的遮阳板能抵御辐射，防止刺眼的太阳光伤害眼睛。头盔上的通风系统能给航天员供氧。

超强防护装备

航天服可保护航天员免受太空中真空、高温或低温、太阳辐射及微流星体等环境因素的伤害；能提供氧气，确保航天员正常呼吸，并吸收他们呼出的二氧化碳；还能通过内置的水循环装置，调节航天员的体温。在真空环境中，人体内的气体会迅速逸出，如果航天员不穿加压气密的航天服，就会因体内外的压力差悬殊而遭到不测。航天服一般分为舱内航天服和舱外航天服。

显示控制模块

这是航天服的“大脑”，负责监控航天员所需的能量及维生系统，确保航天员与同伴、地面控制中心工作人员顺利通信。

手套

手套配备了加热器，既能保证手部的温度，又能方便航天员灵活使用工具。手掌和指尖部分为防滑的橡胶材质。

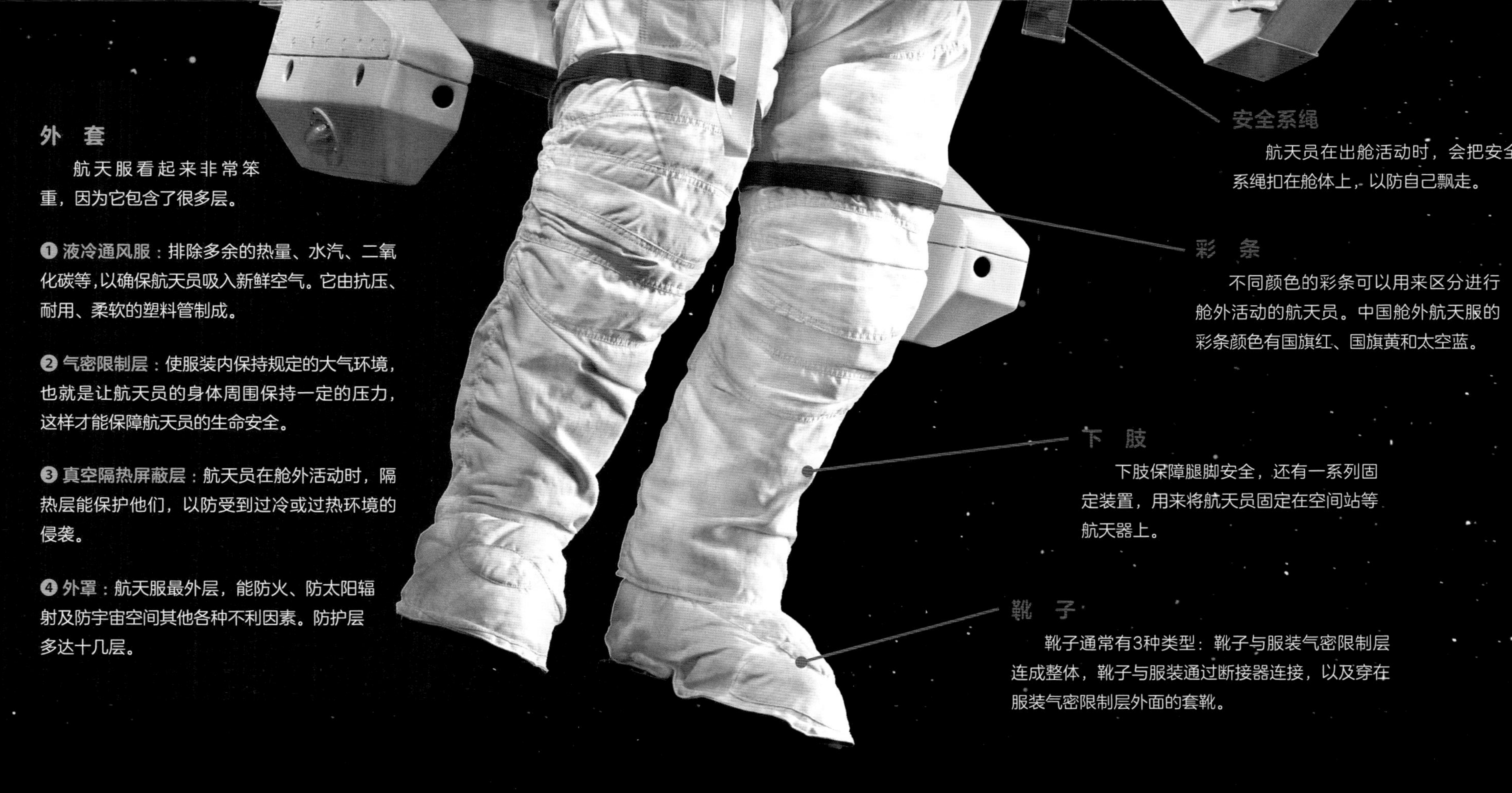

外　套

航天服看起来非常笨重，因为它包含了很多层。

❶ **液冷通风服**：排除多余的热量、水汽、二氧化碳等，以确保航天员吸入新鲜空气。它由抗压、耐用、柔软的塑料管制成。

❷ **气密限制层**：使服装内保持规定的大气环境，也就是让航天员的身体周围保持一定的压力，这样才能保障航天员的生命安全。

❸ **真空隔热屏蔽层**：航天员在舱外活动时，隔热层能保护他们，以防受到过冷或过热环境的侵袭。

❹ **外罩**：航天服最外层，能防火、防太阳辐射及防宇宙空间其他各种不利因素。防护层多达十几层。

安全系绳

航天员在出舱活动时，会把安全系绳扣在舱体上，以防自己飘走。

彩　条

不同颜色的彩条可以用来区分进行舱外活动的航天员。中国舱外航天服的彩条颜色有国旗红、国旗黄和太空蓝。

下　肢

下肢保障腿脚安全，还有一系列固定装置，用来将航天员固定在空间站等航天器上。

靴　子

靴子通常有3种类型：靴子与服装气密限制层连成整体，靴子与服装通过断接器连接，以及穿在服装气密限制层外面的套靴。

舱内航天服

舱内航天服是航天员在载人航天器座舱内的防护装备，能够充气加压和应急供氧。一旦座舱内发生气体泄漏，或气压突然变低时，它能够迅速充气，保护航天员。舱内航天服一般由航天头盔、压力服、通风和供氧软管、可脱戴的手套、靴子及一些附件组成。

刘洋、翟志刚穿着舱内航天服，进入神舟七号模拟器训练。

世界航天服展览厅

目前，世界上完全独立掌握舱外航天服设计和研制技术的国家只有美国、俄罗斯和中国。

中国的飞天航天服

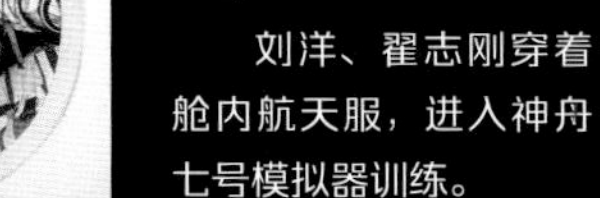

俄罗斯的海鹰航天服

美国的阿波罗航天服

美国的 G4C 航天服

知识加油站

进行连续的抛物线飞行可以实现飞机失重飞行。飞机从最高处俯冲到最低处的整个过程，相当于做自由落体运动。此时，飞机处于失重状态，如同太空中的微重力环境。

成为一名航天员

成为一名航天员是很不容易的。成千上万的竞争者中，只有极少数人脱颖而出。但是，航天员不是超人，他们和我们一样，都是血肉之躯。他们得历经重重关卡，通过严苛的选拔和严格的训练，才能够顺利"上天"。

选拔航天员

- 健康的体格，良好的体能；
- 超强的心理素质，如耐受力、抗压力和团队合作力等；
- 扎实的理论知识基础，如工程学、医学、数学等；
- 驾驶高性能战斗机的经验，熟悉飞行程序和系统；
- 意外事故发生时的救援、求生能力。

第一关 前庭功能训练

很多人会晕车，晕船，航天员上了天，要是晕飞船可怎么办？为避免这种情况发生，他们需要进行高强度的前庭功能训练。

训练设备：旋转座椅

训练目的：增强前庭功能的稳定性，提升航天员对震动及眩晕的耐受能力。

通关方法：航天员坐在一张可180°顺时针和逆时针快速旋转并能上下左右摆动的椅子上，连续旋转15分钟，结束后依然能分辨方向。

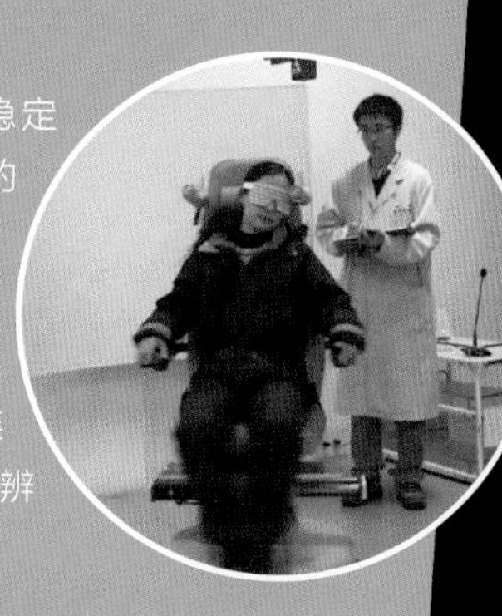

训练设备：电动秋千

训练目的：帮助航天员适应空间运动，并由此开展对空间运动病的研究。

通关方法：航天员坐在由高达几十米的钢架吊起的秋千座椅上，经受前后甩动。秋千荡起时前后能甩出15米。

第二关
超重耐力适应性训练

航天员在被送入太空或从太空返回地面时，要承受巨大的过载加速度，此时，人体所受到的重力（即G）是正常情况下的好几倍，航天员很可能会丧失意识。

训练设备：高G离心机

训练目的：保证在重力过载的情况下，航天员也能保持意识清醒，正常工作。

通关方法：航天员乘坐高速旋转的高G离心机，同时练习紧张腹肌和鼓腹呼吸等抗负荷动作，还要保持敏捷的判断反应能力，随时回答提问、判读信号。

欧洲空间局直径 8 米的离心机

美国国家航空航天局 20G 离心机

俄罗斯加加林航天员训练中心的离心机

第三关
失重适应性训练

在太空失重状态下，人体的血液和体液会受到影响，血液可能会流向头部，出现鼻塞、眼部和头部严重充血等症状。

训练设备：失重飞机

训练目的：让航天员感受、体验和熟悉失重环境，并学会在失重状态下生活、工作。

通关方法：航天员乘坐失重飞机，完成各种事情，如吃东西、喝水、穿脱衣服、闭眼与睁眼等。

霍金在失重飞机上体验失重的感觉。

训练设备：中性浮力池

训练目的：模拟失重环境，保证航天员出舱时可以顺利完成各项舱外作业。

通关方法：将1:1的空间站或飞船模型放入水池中，航天员浸入水中时，通过增减配重和漂浮器使人体的重力和浮力相等，达到中性浮力，以体验失重的感觉，然后练习各项舱外作业。

神舟十二号飞行乘组在水下模拟失重环境中的出舱活动。

俄罗斯加加林航天员训练中心

第四关
低压舱训练

训练设备：低压舱

训练目的：模拟低压和缺氧的环境，让航天员适应低压情况下的运动负荷，增强耐受力。

通关方法：航天员穿上特制的航天服，走进低压舱之后，舱内的空气渐渐被抽掉，航天员需要在低压状态下进行设备操作。

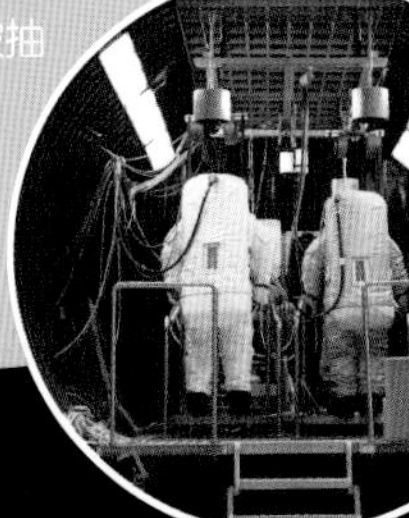

第五关
着陆冲击训练

训练设备：冲击塔

训练目的：模拟飞船返回地球时的冲击环境，提升航天员的抗冲击耐力，并由此研究各种防护措施。

通关方法：航天员需要从塔上径直冲下来，承受短短几秒钟内直落而下时的剧烈冲击。

航天员的一天

空间站是航天员在太空中的家，航天员需要在里面生活一段时间，吃、喝、拉、撒、睡、工作都在空间站。除此之外，他们还要进行各项科学实验研究，完成出舱活动等任务。那么，航天员在空间站会怎么度过他们的一天呢？

空间站的生活

生活在地球表面的我们，一天能看到一次日出日落。但是，因为空间站绕着地球高速飞行，所以对于生活在空间站的航天员来说，他们一天内能看到 15 或 16 次日出和日落。不过，航天员早已习惯了每天 24 小时的生活，他们会和地面控制中心的工作人员保持同步作息。

在国际空间站里，航天员使用世界时，即格林尼治平时，作为工作时钟，以便于和地面工作人员保持同步联络。

在绕地球飞行的同时，航天员要执行许多任务，他们不仅要进行科学实验，还要监测地面人员控制的实验。长时间置身于微重力环境，航天员本身也是医学实验的对象，因此他们需要观察自己身体的适应程度和相关变化。

6: 00 起床洗漱

在太空刷牙和在地面差不多，但是太空中的牙膏沫是可食用的，航天员可以在吸入漱口水后直接吞下。漱口水如果从口中漏出，会在太空舱里到处飘散，所以刷牙时要务必小心。

6: 30 早餐

7: 00 锻炼

锻炼是航天员日常生活的重要组成部分，目的是防止骨质疏松和肌肉萎缩。航天员平均每天锻炼两小时，使用的是微重力环境下特殊的运动器材。

8: 30 工作

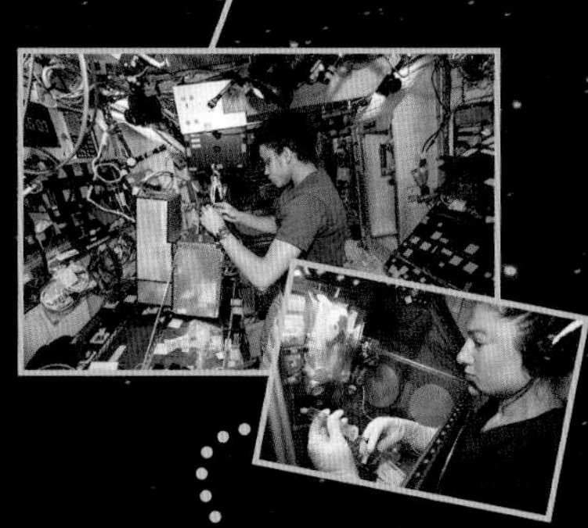

研究失重状态下的心脏功能

12: 30 午餐

上午的工作结束后，航天员会在午餐时间放松休息一下。

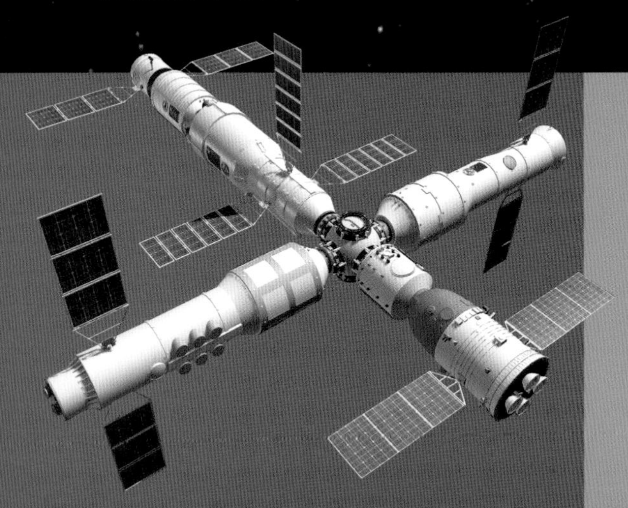

太空食物

太空食物的种类与地球上的类似，但它们还需要满足体积小、质量小、营养丰富、方便进食等要求。太空食物一般会被加工成小块状，食品包装内不能有流动的汤汁，也绝对不可以出现粉末状的东西。粉末状的调味料，如盐、胡椒粉，容易飘散，会有堵塞通风口，污染设备，进入航天员眼睛、嘴巴或鼻子里的风险。为了减轻空间站内废物收集系统的负担，太空食物都不含骨头、外皮、果核等食物残渣。

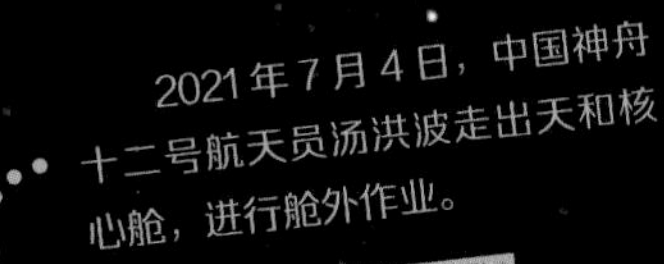

1965年3月18日，苏联发射了上升2号飞船。航天员列昂诺夫进行了世界航天史上第一次太空行走。

2021年7月4日，中国神舟十二号航天员汤洪波走出天和核心舱，进行舱外作业。

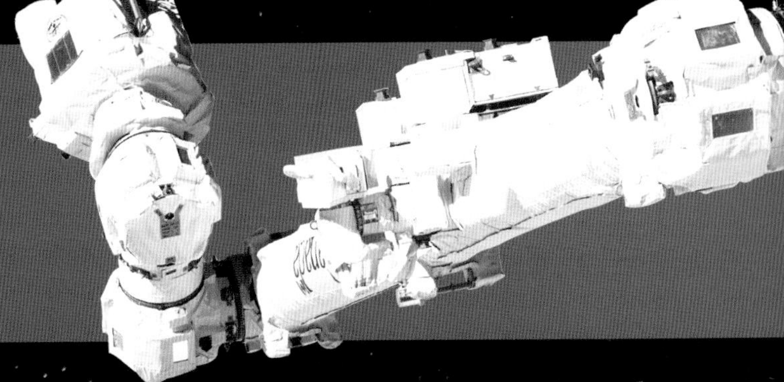

艺高人胆大

知识加油站

气垫运动鞋、数码相机、脱水蔬菜包、婴儿纸尿裤和救人性命的ICU病房都脱胎于载人航天技术。

太空行走

除了在舱内做各种实验，航天员有时还需要出舱活动。出舱活动是载人航天的一项关键技术，主要目的是在轨道上安装大型设备，进行科学实验，施放卫星，维修或更换航天器外部的一些部件。

工 作

稍做休息后，下午的工作又开始了。

娱 乐

工作之余，拍照、弹琴、踢足球、给家人打电话……航天员的生活丰富多彩，乐趣无限。他们还会抽空整理一下待办事项，为第二天的工作做准备。在周五、周六的晚上，他们还会看电影。

13：30　20：00　20：30　21：30

晚 餐

航天员还可以利用这段时间来放松。

睡 觉

航天员会钻到睡袋里睡觉。睡袋是被牢牢固定住的，这样他们就不会在舱内飘来飘去了。

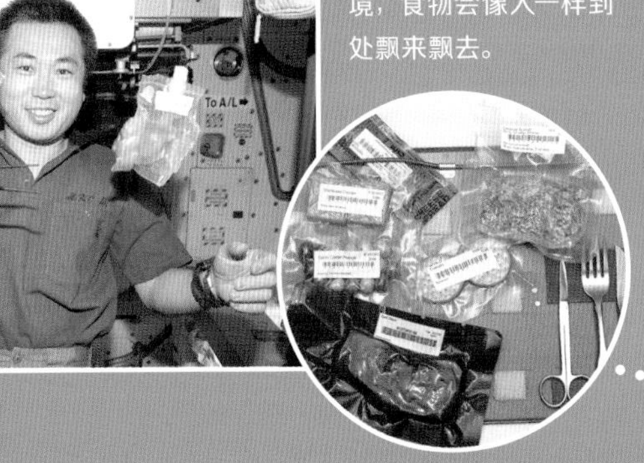

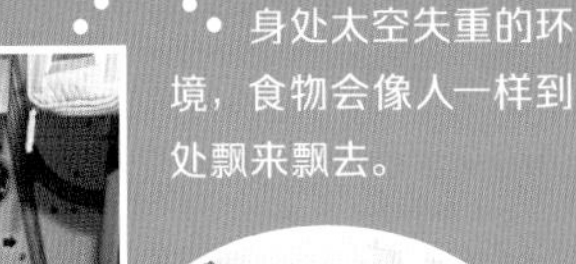

身处太空失重的环境，食物会像人一样到处飘来飘去。

太空食物

蔬菜牛肉泥

甜饼干块

空间站中的水循环

水是人类生存必不可少的物质。但水很重，把水从地面送至太空的成本太高，最好的方法是在空间站里回收利用水。冷凝水系统将航天员呼出的气体冷凝成水，尿处理系统旋转蒸馏和净化航天员排出的尿液，将其变为可以饮用的净水。

水星之旅 困难重重

水星与地球相距不远，人类用肉眼就能看到，但人类对水星知之甚少。很长一段时间以来，我们对它的了解都依赖水手 10 号探测器拍到的 1 万多幅图像，可惜每次水手 10 号拍到的都是水星的同一面。直到 2004 年，信使号探测器发射升空，并于 2011 年成功进入水星轨道，人类才第一次见到水星的全貌。

认识水星

水星是距离太阳最近的行星，它的质量和体积都非常小，直径只有地球的 38%，表面积只有地球的 14%。水星虽然名叫水星，但没有一滴水，猛烈的太阳风吹走了水星周围的大气。没有了这层防护罩，水星表面被各类小天体撞得千疮百孔。它白天热得像火炉，晚上却冷得像冰窖。在中国古代，水星被称为辰星。

千疮百孔的表面

在水星的表面，环形山星罗棋布，断崖和皱脊随处可见，高山和平原参差不齐，还有一座直径约 1550 千米的大盆地——卡路里盆地。

“蜘蛛”地形

在坑口的高地周围，上百条裂纹向外辐射，看上去就像一只张牙舞爪的百足蜘蛛，科学家将这种独特的地形称为“蜘蛛”。

难见水星真面目

薄纱蒙面

水星直径很小，距离太阳又近，每当清晨或傍晚，天空亮度降低到可以使用望远镜时，人们便能在接近地平线的位置看到水星。但由于大气层的干扰，即使透过天文望远镜，科学家也很难捕捉到水星清晰的画面。

闪瞎“眼”的太阳光

如果飞到外太空，用强大的太空望远镜观测水星呢？那也是个难题。水星周围的太阳光太强烈了，而且光在真空中的传播效率更高。为了避免太空望远镜被强光损毁，科学家一般不观测太阳附近的天区。

艰难的旅程

难点 ❶：探测器的速度控制

从地球发射的水星探测器向引力巨大的太阳飞去，速度会越来越快，水星很难将它捕获到自己的轨道中。

难点 ❷：超强辐射和超高温

水星附近的强太阳辐射和高温环境，要求探测器具有特殊的热防护系统。

难点 ❸：难见另一面

1974—1975 年，水手 10 号曾 3 次飞掠水星，但每次“看到的都是水星的同一面，只测绘到大约 45% 的水星地表。

知识加油站

贝比科隆博号探测器以意大利科学家朱塞佩·科隆博（昵称贝比·科隆博）的名字命名。他将引力助推效应应用到探测器的轨道设计中，这一方法被运用在水手 10 号的飞行方案中。

勇闯水星的“探险家”

尽管探测水星困难重重，但在科学家的努力下，仍然有几位“勇敢者”突破重围。让我们来认识一下它们。

水手 10 号

水手10号

发射时间：1973年

任务：飞掠探访金星、水星

特殊技能：第一个利用引力助推效应的行星探测器

成就：第一个拜访多颗行星的探测器

小小遗憾：在水星同一区域上空飞掠并拍摄，只探测到水星表面约45%的区域

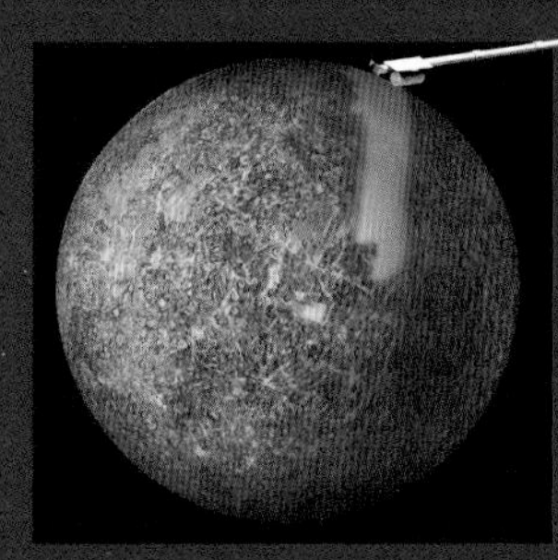

水手 10 号只拍摄到了水星的半张脸。

信使号

发射时间：2004年

任务：研究水星表面的化学成分、地理环境、地质年代、核心的状态及大小、自转轴的运动情况、逃逸层以及磁场的分布等

特殊技能：在水星北极附近发现了水冰

成就：测绘出水星表面约98%的地形图

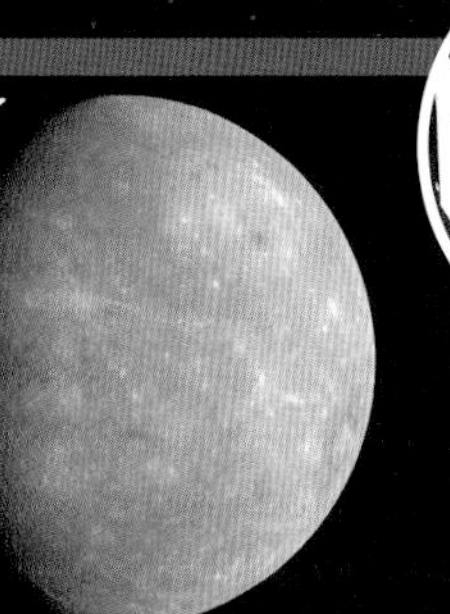

信使号拍到了水星的另一面。

信使号

贝比科隆博号

发射时间：2018年

任务：对水星进行全面深入的研究，包括磁场、磁层、内部结构和地表特征等

特殊技能：能同时发射两个轨道器，环绕水星

揭开金星的真面目

金星是距离太阳第二近的行星，是我们在地球上能看到的亮度仅次于月球的自然天体。因为与地球相似，它曾是人类最早的星际移民目标。到目前为止，世界各国共发射了数十颗金星探测器，探测形式包括飞越、环绕和着陆，并获得了金星大气层和表面状态的大量数据。

知识加油站

“东有启明，西有长庚。”清晨，太阳还没升起时，金星是东方天空中出现的一颗亮点，预示着白天的到来，所以它被称为“启明星”或“太白星”。有时，它也会闪耀于傍晚西方天空的余晖中，黄昏时出现的金星被称为“长庚星”或“黄昏星”。

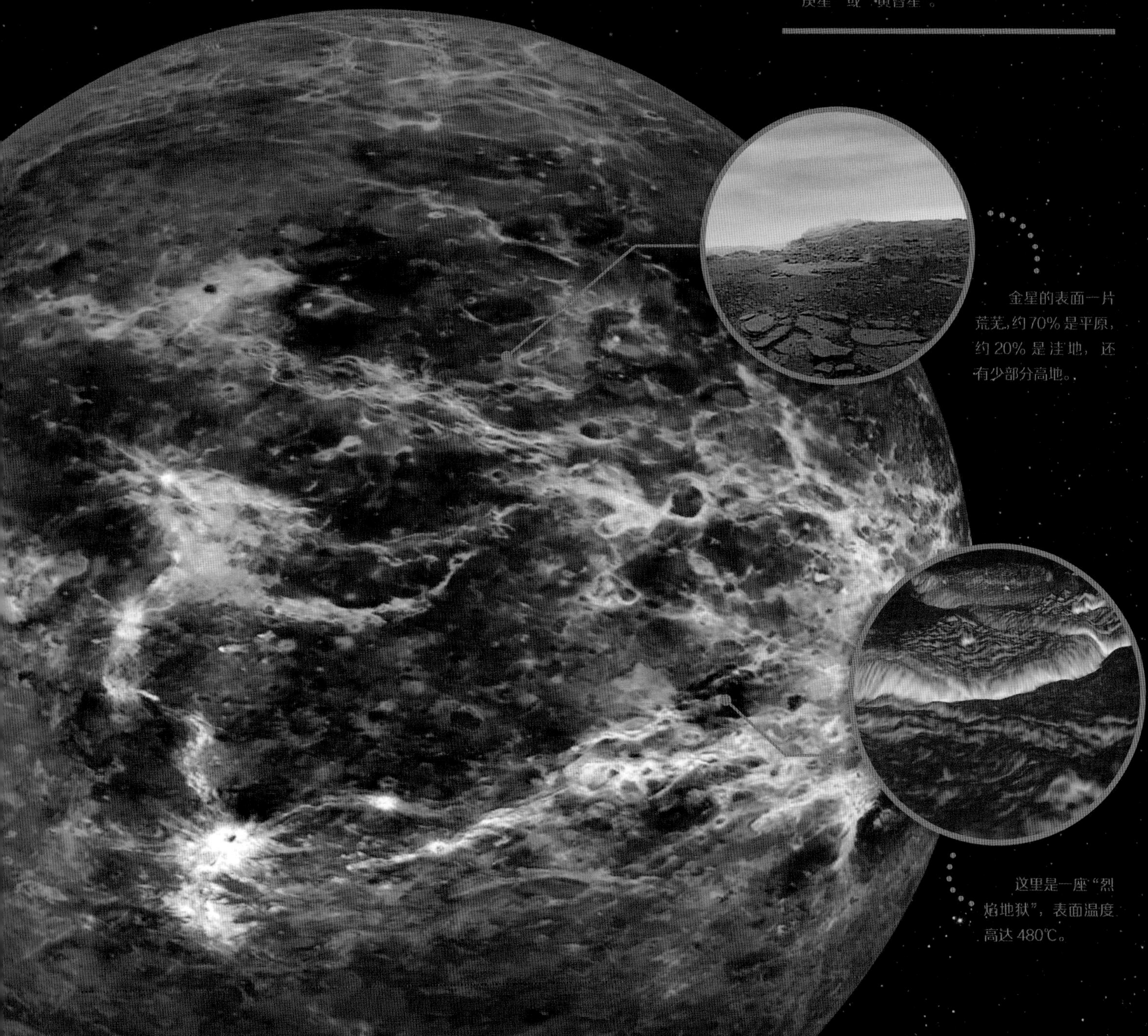

金星的表面一片荒芜，约70%是平原，约20%是洼地，还有少部分高地。

这里是一座“烈焰地狱”，表面温度高达480℃。

地狱之星

因为金星的大小、质量、体积与地球的非常相似，所以它常被视为“地球的姊妹星”。科学家一度认为，金星与地球一样，孕育了丰富的生命。

然而，结果大跌眼镜。想象一下，天空中厚厚的硫酸云遮蔽了太阳，再把大气温度调高到 480℃，把气压调高 90 倍。此时，星球上的一切都会被压得像煎饼似的。这就是金星，一颗大小与地球相似的岩石行星，但它非常不适合人类居住。

难得一见的表面

由于金星大气层稠密，表面温度极高，探测器无法“看”清它的表面形态，着陆器在其表面的“存活时间”极短。科学家在进行早期探索时，一共发射了 20 多个探测器，但它们最终都无功而返。直到 1970 年 12 月，金星 7 号终于抵达金星表面，揭开了金星的神秘面纱。

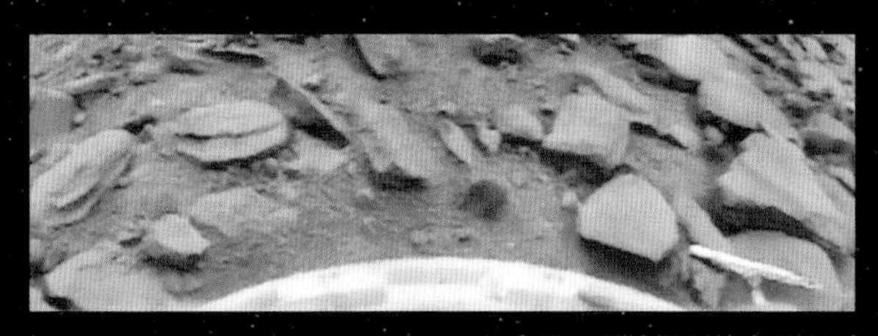

金星 9 号拍摄到的金星表面

1989 年，麦哲伦号探测器发射升空。它的名字源自 16 世纪人类史上第一次完成环球航行的葡萄牙探险家斐迪南 · 麦哲伦，它也获得了第一张较完整的金星地图。麦哲伦号拍摄了 98% 的金星表面，为科学家认识和研究金星上的地质、地貌提供了珍贵的影像资料。

麦哲伦号

金星表面

重访金星

金星的环境太差了，人类几乎不可能移居到上面生活，为什么科学家还要研究它呢？因为无论是所处的太阳系环境，还是体积，它都与地球类似。金星上氢元素与氘元素的比例表明，它可能曾经拥有海洋，其规模可以与地球上的相比。我们要弄明白金星变成“地狱”的原因，防止地球重蹈覆辙。

真理号

真理号

计划探险时间：**不早于2031年**

研制机构：**美国国家航空航天局**

它的任务是绘制出金星表面的地图，以确定金星的地质形成历史，探究为什么它的演化历程与地球的如此不同。

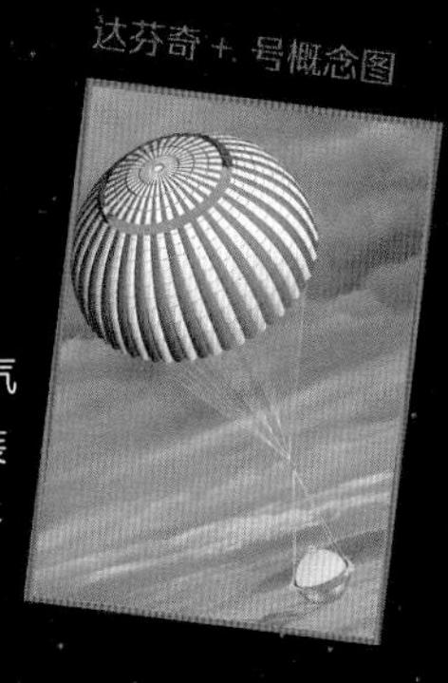

达芬奇 + 号概念图

达芬奇 + 号

计划探险时间：**2030年前后**

研制机构：**美国国家航空航天局**

这是一项探测金星深层大气惰性气体、化学成分和成像的任务。一个球形装置将穿过金星大气层，上面搭载的仪器将分析金星大气，了解它的形成和演化，并探测金星上是否存在过海洋。

展望号

展望号

计划探险时间：**21世纪30年代初**

研制机构：**欧洲空间局、美国国家航空航天局**

这项任务的目标在于探测金星的内核到上层大气的全貌，研究金星哪些方面与地球不同，以及形成差异的原因，探究它为何变成了一个有厚厚硫酸云团的“大烤炉”。

要在金星高压锅般的环境下生存、工作，探测器需要具备耐高温、耐高压的能力。科学家正在研制高性能的隔热材料和能承受高压的仪器、设备，为金星探测器打点行装。未来也将有新的“勇士”重访金星，带我们进一步了解这颗星球。

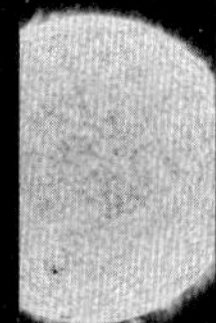

火星零距离

在太阳系所有行星中，火星是人类探索次数最多，且探测程度最深的。科学家发射了大量前往火星探索的探测器，实现了对火星的零距离探测。

红色的赤铁矿让火星看起来像一颗“生锈的红色星球”。

火星的地貌千奇百怪，有遍布的沙丘和砾石，也有大小不一的环形山、火山和峡谷。

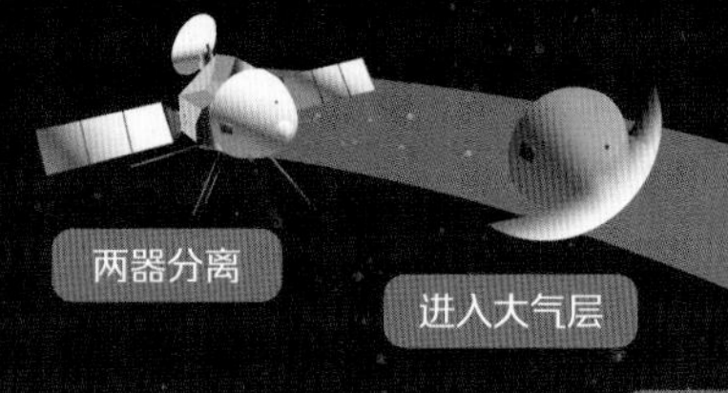

红色行星

火星与地球相邻，是距离太阳第四近的行星。因为火星表面的土壤含有丰富的赤铁矿，所以它呈现出铁锈般的红色。火星大气十分稀薄，95% 的成分都是二氧化碳，再加上火星表面遍布撞击坑、峡谷、沙丘和砾石，没有稳定的液态水，这颗行星显得死气沉沉。不过，科学家在它的南北两极附近发现地下含有水冰，而且储量相当丰富。

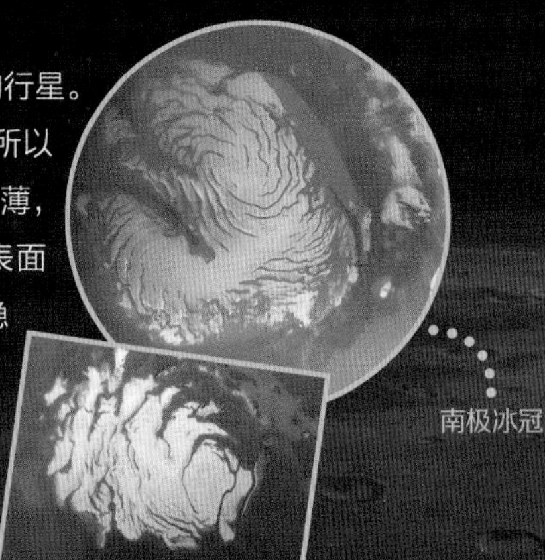

发射时间	1964年	1971年	1971年	1975年	1996年	1996年	2001年
	水手 4 号	**水手 9 号**	**火星 3 号**	**海盗 1 号、2 号**	**旅居者号**	**火星全球勘测者**	**奥德赛**
成就	首次传回火星照片	第一个环绕火星飞行的探测器	第一个成功在火星表面着陆的探测器	确认火星上无高级生命痕迹	登陆火星的第一部火星车	绘制火星表面地图	首次在极区地下找到浅表冰存在的证据

如何登陆火星

要想抵达火星，发射探测器必须选择一个合适的时机——发射窗口，以保证最节省燃料，同时到达火星的时间最短。发射窗口的宽度有宽有窄，宽的以小时甚至以天计，窄的只有几十秒，甚至为零。根据计算，发射火星探测器的最佳时间周期是 26 个月，一旦错过此次机会，就得再等 26 个月。

地球与火星都绕太阳旋转，地球在里圈，火星在外圈，两者的相对位置不断变化。为了让探测器与火星同时到达火星轨道上的同一位置（C 点），应等火星到达 B 点时，探测器才能从 A 点发射升空。这类似于 400 米赛跑的起跑线是斜的，为了保证终点在同一位置，外圈的运动员起跑时位置相对靠前。经过计算，最节省燃料的火星探测器轨道只有一条，即外切于地球公转轨道，同时内切于火星公转轨道的椭圆轨道。这条轨道是由德国科学家瓦尔特·霍曼提出，因此被命名为霍曼轨道。

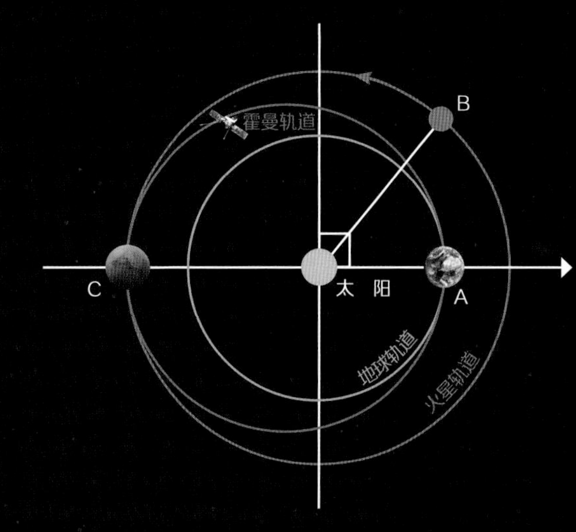

天问一号着陆火星

2020 年 7 月 23 日，中国第一个火星探测器——天问一号成功发射。它由环绕器和火星车组成，于 2021 年 2 月进入火星轨道。同年 5 月，天问一号协助祝融号火星车在火星平稳着陆。

我们都知道，着陆器降落火星要经历“恐怖 7 分钟”，而天问一号的降落则花了 9 分钟，这是为什么呢？原来，在升力控制段结束之后，天问一号伸出配平翼，把迎角减少到 0°，确保降落伞正常工作。由于阻力变大，整个下落时间也延长了 2 分钟。

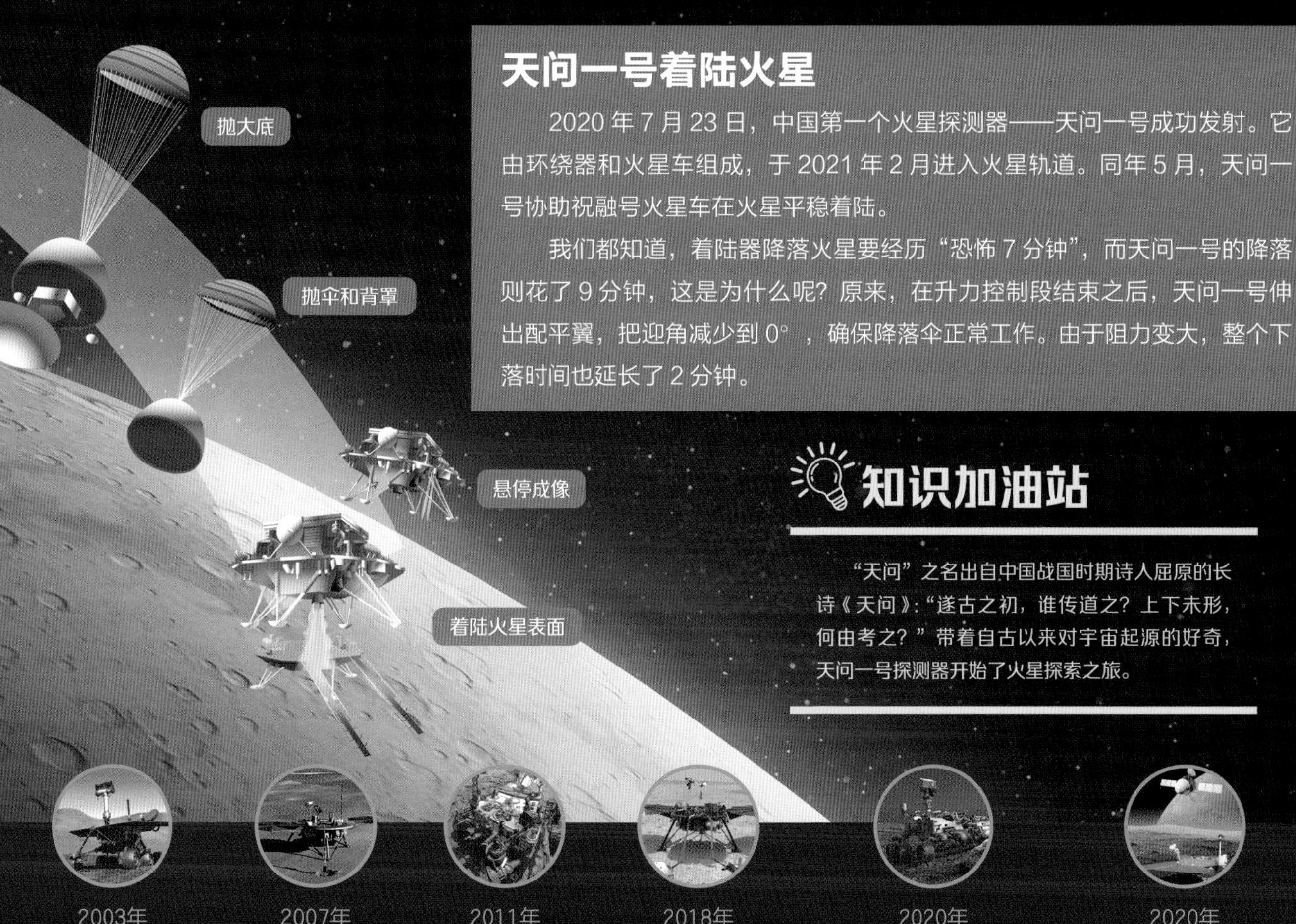

知识加油站

“天问”之名出自中国战国时期诗人屈原的长诗《天问》：“遂古之初，谁传道之？上下未形，何由考之？”带着自古以来对宇宙起源的好奇，天问一号探测器开始了火星探索之旅。

2003年	2007年	2011年	2018年	2020年	2020年
勇气号、机遇号	**凤凰号**	**好奇号**	**洞察号**	**毅力号**	**天问一号**
首次测量火星温度，并对土壤进行取样分析	确认火星上水的存在	首次获得火星表面基岩样品	首次探究火星“内心深处”的奥秘	搭载首架火星直升机机智号	首次获取火星车在火星表面移动过程的影像

木星附近的难题

据典籍记载，中国战国时期的天文学家甘德是第一个用肉眼观测木星的人。自 1972 年的先锋 10 号起，许多探测器都尝试探索木星，但它们仅仅在飞掠木星时完成了匆匆一瞥。目前，只有伽利略号和朱诺号进入木星轨道，对木星进行了长时间的观测。

从伽利略到伽利略号

1610 年 1 月 7 日，利用自制的望远镜，意大利天文学家伽利略 · 伽利莱发现了两颗位于木星附近的“恒星”。他感到非常奇怪,又持续观察了几天,发现其中一颗“恒星”消失了，他推断它们是绕着木星运行的卫星。伽利略一共发现了 4 颗木星卫星，人们将它们称为“伽利略卫星”。

手持自制望远镜的伽利略

伽利略卫星

飞向木星

为了纪念伽利略在17世纪轰动世界的大发现，1989年，第一个专门探测木星的行星探测器被命名为伽利略号。伽利略号飞向的木星距离地球较远，且它要朝着远离太阳的方向飞行，因此需要极大的速度增量。伽利略号发射时，曾飞越地球两次，飞越金星一次，目的是利用这两颗天体的引力助推，实现加速。

伽利略号

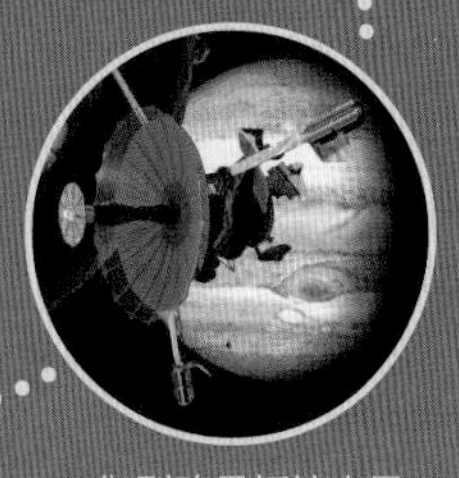

伽利略号抵达木星。

伽利略号从离地球大约 620 万千米处回望，捕捉到了月球环绕地球的非凡景象。

朱诺号探索木星。

坠入木星大气层

伽利略号不仅让人类进一步了解了木星大气的结构，还帮助科学家发现了不少木星卫星。最激动人心的是，通过它的探测，科学家发现，木卫二的冰层下可能存在巨大的液态海洋，并据此猜测木卫二上可能有生命。在燃料即将耗尽时，为了避免探测器与木卫二相撞，导致探测器上的地球微生物污染木卫二上可能存在的生命，科学家决定让伽利略号坠入木星大气层，让它在剧烈摩擦中被烧毁。

朱诺号，拨云见“木”吧！

2011 年 8 月 5 日，新一代的木星探测器——朱诺号又踏上了远征木星之旅。但它没有直接飞向木星，在摆脱地球引力后，朱诺号仍然受控于太阳引力的作用。直到 2013 年 10 月 9 日，朱诺号与地球擦身而过，并利用地球的引力助推作用，获得了 7300 米 / 秒的速度增量，具备了飞往木星的能力。

2016 年 7 月 4 日，在茫茫太阳系中飞行了近 5 年的朱诺号，终于在走了 27 亿千米的路程后，与木星相会。朱诺号捕捉到了木卫二的身影，还发现了木星周围强大的磁层，以及木星表面移动的大红斑。

知识加油站

木星又名朱庇特星，是以罗马神话中的天神朱庇特命名的。据说朱庇特喜欢恶作剧，常用云雾把自己隐蔽起来，而妻子朱诺是唯一能透过迷雾看到他真身的神。科学家希望朱诺号能揭开木星这颗云遮雾绕的气态巨行星的秘密。

探测木星有多难？

目前，探测器到达木星附近后还只能远观，无法对其进行深入探测，因为探测木星仍然存在着许多需要攻克的难关。

难关 ❶：强辐射带包围

木星周围有很强的辐射带，探测器无法承受如此强烈的辐射，只能不断变换轨道。

难关 ❷：极厚的大气层

目前，探测器无法完好无损地穿过木星厚达 3000 千米的大气层，即便能穿过，也无法在木星上着陆。

难关 ❸：极大的气压

极厚的大气层带来极大的大气压力。木星的气压相当于地球气压的 25 倍，能轻松把探测器压扁。

难关 ❹：超级风暴

木星表面有着引人注目的“大红斑”，它其实是比地球上最大的风暴还狂烈几百倍的超级风暴。

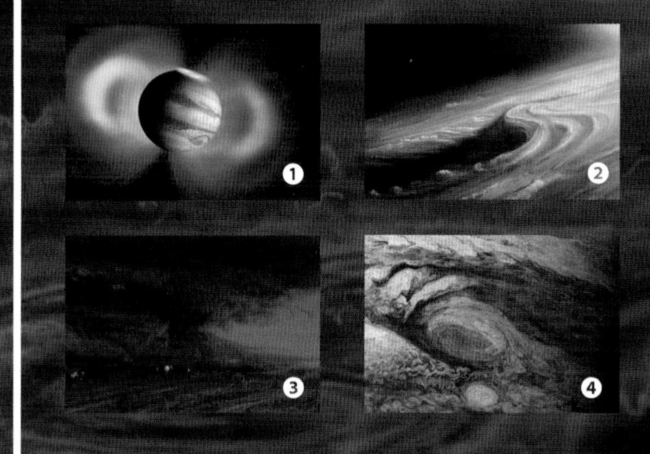

远远望去，木星表面有一圈圈的“条纹”。其实，这里并不是木星的地面，而是浓密又风暴肆虐的大气层。

在木星赤道的南侧，这个橙红色的椭圆形旋涡就是超级风暴——大红斑，风速高达 643 千米/时。

卡西尼号的土星之旅

70亿千米

卡西尼号绕行土星轨道共294圈，飞行总距离近70亿千米。

作为太阳系第二大行星，土星很早就被人类发现了，中国古人称土星为填星或镇星；在古代西方，人们用罗马神话中的播种神萨图尔努斯（Saturn）为它命名。然而，很长一段时间以来，土星始终“可望而不可即”，只有20世纪70年代先后发射的3个探测器——先驱者11号、旅行者1号和旅行者2号飞掠过土星。

夺目的土星环

土星有一个引人注目的环状物——土星环。土星环主要由砾石、冰块组成，它的形成因素多种多样。比如，周围的环境足够冷，可以形成数量足够多的冰晶；行星质量足够大，能够吸引这么多的碎石和冰晶；等等。

土星是个卫星“大富翁”，截至 2023 年底有 146 颗卫星绕着它旋转，它们就藏在土星环中。根据旅行者 1 号飞掠时拍到的照片，人们惊讶地发现，土星环居然有上千层小环！

卓越的成就

1997 | 1998 | 1999 | 2000 | 2001 | 2002 | 2003 | 2004 | 2005 | 200

10月15日
在美国卡纳维拉尔角空军基地，卡西尼号发射升空。

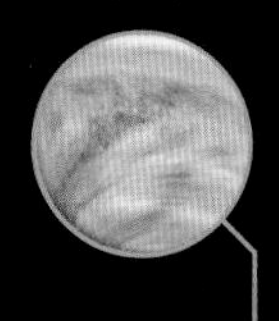

4月26日
卡西尼号飞掠金星。

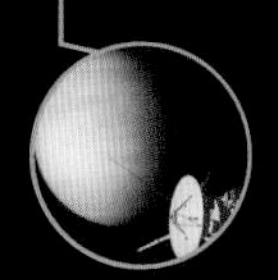

6月24日
卡西尼号第二次飞掠金星。

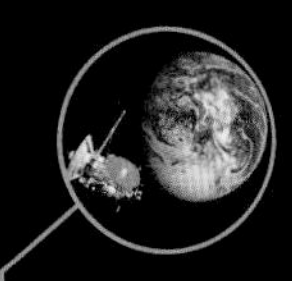

8月18日
卡西尼号飞掠地球。

12月30日
卡西尼号飞过木星附近，和伽利略号联手探测木星。

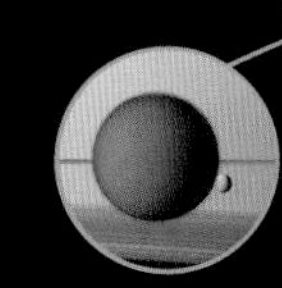

6月30日
卡西尼号抵达土星轨道。

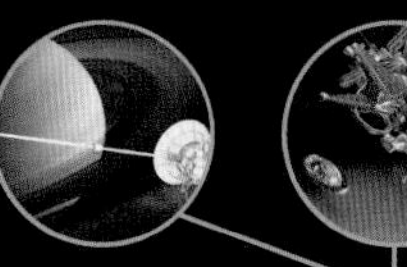

12月13日
卡西尼号首次飞掠土卫六和土卫四。

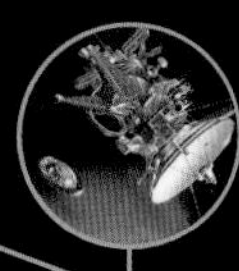

12月24日
卡西尼号释放着陆器惠更斯号，惠更斯号前往土卫六。

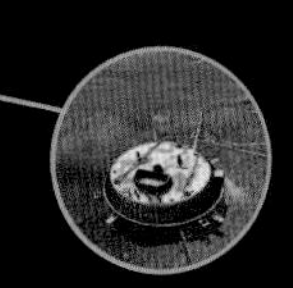

1月14日
惠更斯号成功登陆土卫六。

漫漫土星路

卡西尼－惠更斯号于1997年10月发射升空，前往土星。它是唯一一个专门探索土星的探测器，由两个探测器组成：卡西尼号和惠更斯号。卡西尼号负责对土星进行环绕探测，是第一个环绕土星的探测器。惠更斯号则在土卫六上进行实地考察，是第一个在月球以外的卫星上着陆的探测器。

土星距离地球十分遥远，卡西尼－惠更斯号需要借助行星引力助推才能到达。它先后 2 次经过金星，又分别经过地球和木星 1 次，历时近 7 年，于 2004 年抵达土星轨道。

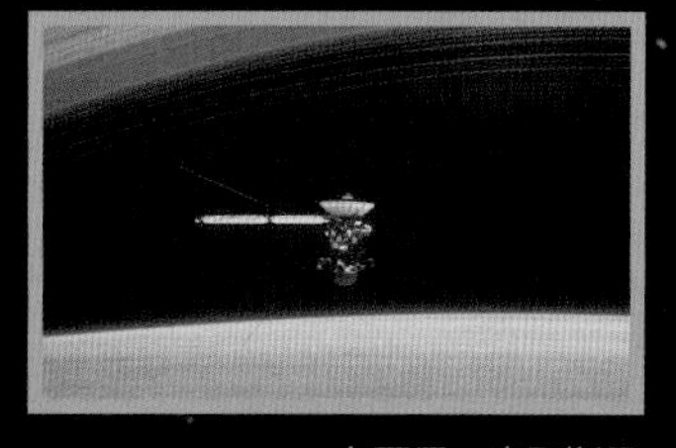

卡西尼－惠更斯号

惠更斯号的降落

知识加油站

卡西尼号以意大利裔法国天文学家乔瓦尼·卡西尼的名字命名。17 世纪，卡西尼发现了土星的 4 颗卫星（土卫八、土卫五、土卫三和土卫四）和土星光环的缝隙（卡西尼环缝）。

卡西尼号的坠毁

6月
基本任务完成，扩展任务——卡西尼春分任务开启。

2007 | 2008 | 2009 | 2010

9月
第二次扩展任

壮丽的告别

2017 年，卡西尼号的燃料将尽。在生命即将终结之际，它改变飞行方向，向土星的大气层飞去，最终坠毁于土星的怀抱中。

为什么它要葬身土星呢？土星附近的状况特别复杂，卫星的轨道相互交错，如果保留卡西尼号，科学家无法控制它最终会飞向何处。土卫六和土卫二上极有可能存在生命，如果卡西尼号最终坠毁于这两颗星球上，它所携带的物质会对星球上可能存在的生命造成威胁。

和木星一样，土星也是一颗气态行星，探测器穿过它的大气层时会遭到严重损毁。卡西尼号最后的任务是，在自己彻底失效前，穿过

天王星与海王星之谜

到目前为止，人类还没有专门发射探测天王星和海王星的环绕探测器。科学家对这两颗行星的了解，主要来自旅行者 2 号在 1986 年和 1989 年飞掠时所获得的图像，以及哈勃空间望远镜所观测到的内容。

冰巨人双胞胎

天王星和海王星是太阳系最外围的两颗行星。它们都是蓝色的冰巨星，看上去像一对双胞胎。因为大气层富含甲烷，所以它们都是蓝色的，天王星呈浅蓝绿色，海王星则是深蓝色的。

天王星距离太阳 28.7 亿千米，海王星则在比天王星还要远十几亿千米的地方默默“游荡”。很长一段时间里，天文学家无法很好地观测到它们的运行轨迹，误以为天王星和海王星是恒星或彗星。

175 年一遇的机会

木星、土星、天王星、海王星都运行到助推探测器的理想位置，并形成“行星连珠”，这是 175 年才能一遇的罕见排列。抓住这个机会发射探测器，只需少量燃料进行轨道修正，仅 12 年即可飞越太阳系后 4 颗行星，而常规条件下需要 30 年。1965 年，科学家计算出，下一个绝佳的发射窗口就在 12 年后。12 年听起来漫长，但对于从事一项科学研究来说，时间又很紧迫。这次机会实在难得，让人无法拒绝。原本负责探测火星、金星和水星的“水手计划”的成员——水手 11 号和水手 12 号被委以重任，将探测目标改为 4 颗巨行星——木星、土星、天王星和海王星，并更名为旅行者 1 号和旅行者 2 号。1977 年，它们正式起航了。

揭开“冰巨人”的神秘面纱

旅行者 2 号是第一艘造访了天王星和海王星的航天器，也是唯一一艘掠过太阳系四大巨行星的探测器。旅行者 2 号揭开了天王星、海王星长期困扰科学家的谜题。

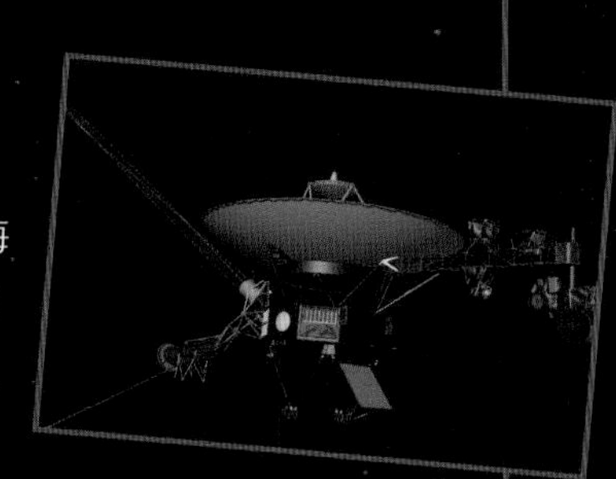

旅行者 2 号

❶ 为什么它们的体积是地球的五六十倍，质量却仅为地球的十几倍？

因为这两颗行星的成分和地球的不同，地球是一颗岩石行星，天王星、海王星则以气态和液态的甲烷为主。

❷ 为什么天王星和海王星的磁层不对称？

因为它们的磁场方向不是朝着自转轴线的方向，天王星偏离了59°，海王星偏离了47°。而且，两颗行星的磁场都偏离了它们的几何中心。

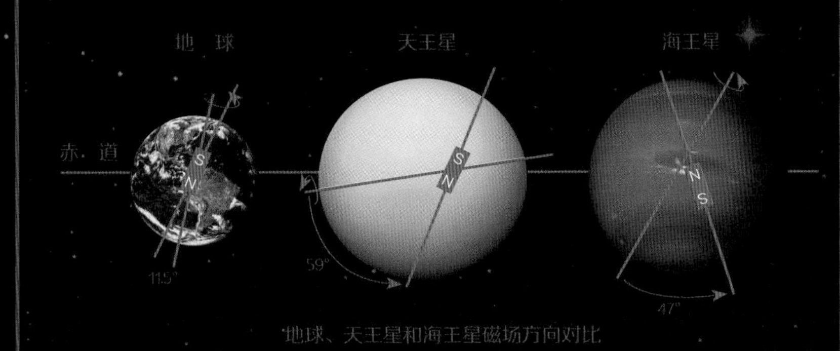

地球、天王星和海王星磁场方向对比

“大暗斑”失踪事件

1989 年，旅行者 2 号飞越海王星时，拍到了海王星表面的“大暗斑”。它类似木星上的“大红斑”，是一个巨型风暴，大小和亚欧大陆差不多。

然而在 1994 年 11 月 2 日，哈勃空间望远镜再度观测海王星，却不见“大暗斑”的踪迹，反而在北半球发现了一场类似“大暗斑”的新风暴。“大暗斑”到底去哪儿了？具体的原因我们还不知道。科学家猜想，可能是海王星核心的热传递扰乱了大气均衡，也打乱了其原有的循环模式。

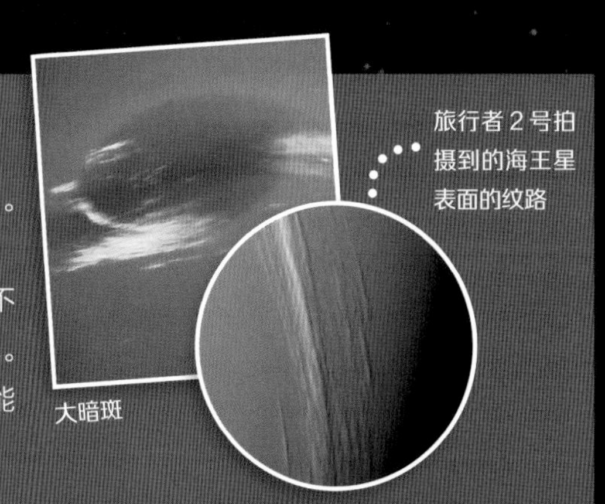

大暗斑

旅行者 2 号拍摄到的海王星表面的纹路

未来旅程

利用木星的引力助推作用，探测器可以在更省燃料的同时更快到达海王星。地球的公转周期是 1 年，木星的公转周期约为 11.86 年，海王星的公转周期接近 164.8 年。要等到三者处于比较完美的位置，探测器才能路过木星，搭上“顺风车”。这就是海王星探测器的发射窗口。

这个窗口预计在 2030 年左右到来。到那时，新的探测器又将启程，去探究海王星的行星环、卫星、大气、磁层，并对其卫星海卫一进行登陆探测，探究它的轨道方向，以及地下是否存在海洋。

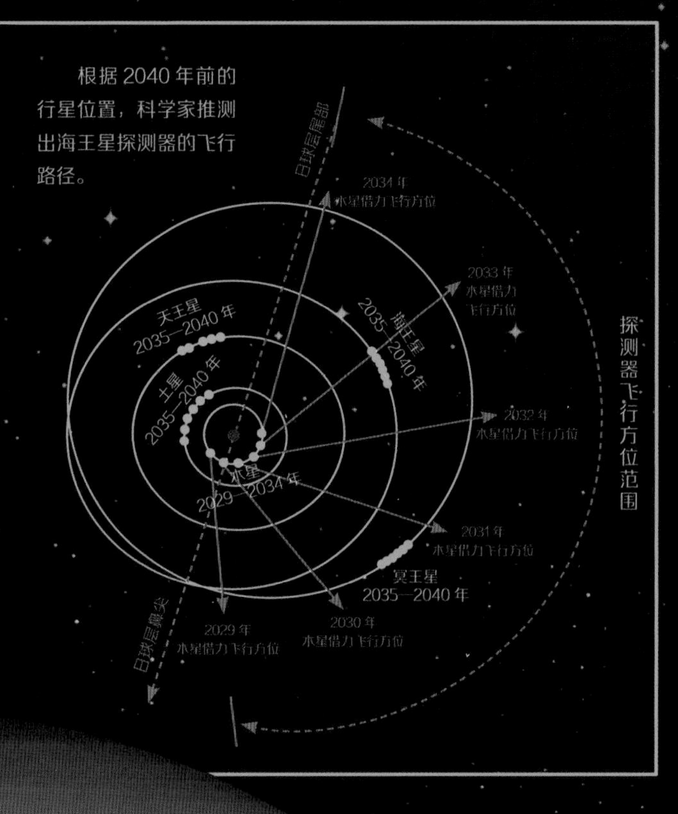

根据 2040 年前的行星位置，科学家推测出海王星探测器的飞行路径。

海卫一哈密瓜状的表面

旅行者1号 | 1977年

它曾造访木星及土星，“看”到木卫一上至少有6座正在喷发的活火山，也曾领略过土星环和大红斑的壮丽，还探测出土卫六上空有至少280千米厚的稠密不透光薄雾层。

之后，旅行者1号进入深空，并在1990年2月14日拍摄太阳系全景，那时它距离太阳60亿千米。

冥王星

先驱者11号 | 1973年

它是先驱者10号的“姊妹探测器”，于1979年9月1日从距土星3400千米的地方掠过，首次拍摄到了土星的照片。然后，它又利用土星的引力助推飞向更远处，帮助科学家研究太阳系和日光层的遥远部分。

新视野号 | 2006年

它是第一个近距离探索冥王星的航天器，传回了大量有关于这颗矮行星及其卫星的照片。此后，它继续前行，前往柯伊伯带探险，带人类发现了远古行星形成时的残留物，领略太阳系的最初形态。2019年，它拍摄到了距离地球约66亿千米的小行星“天涯海角”。

天涯海角

旅行者2号 | 1977年

它是旅行者1号的“姊妹探测器”，完成了对太阳系中4颗巨行星的探索，从拍摄木星的大红斑、木卫二表面覆盖的冰层、木卫一上耸立的火山，到观测土星、土星环，发现6颗新土星卫星，以及飞过天王星、海王星，它第一次实现了外太阳系“大旅行”。

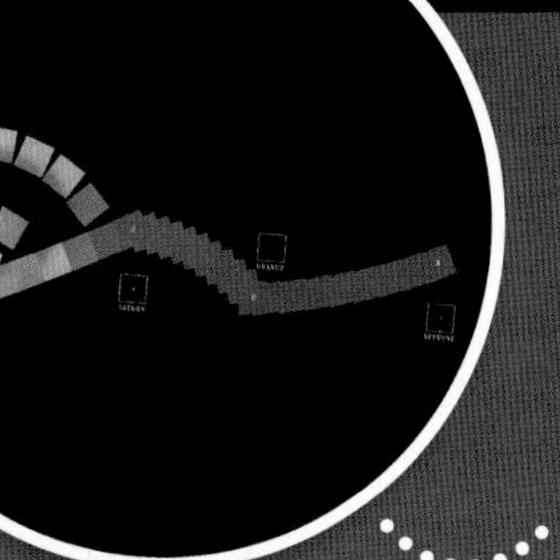

1990年2月14日，旅行者1号探测器回望了一眼太阳系，并拍摄到太阳系的6颗行星。我们所生活的地球置身其中，只是茫茫宇宙中的一个暗淡蓝点。

太空礼物

无论是两个先驱者号，还是两个旅行者号，它们都相当于人类抛出的漂流瓶，不仅肩负着探索宇宙的使命，还传播人类向宇宙发出的呼喊。

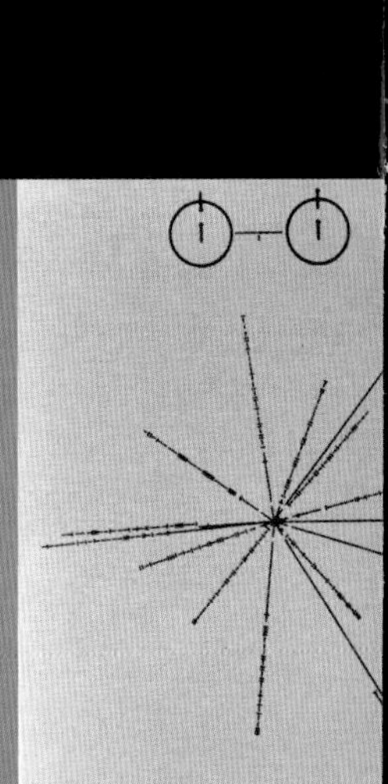

飞向更远处

人类有史以来，一共有 5 艘探测器飞越了海王星，前往更广阔的外太空。它们不仅探测到了未知的信息，拓展了人类的视野，还向远方带去了来自地球和人类的问候。

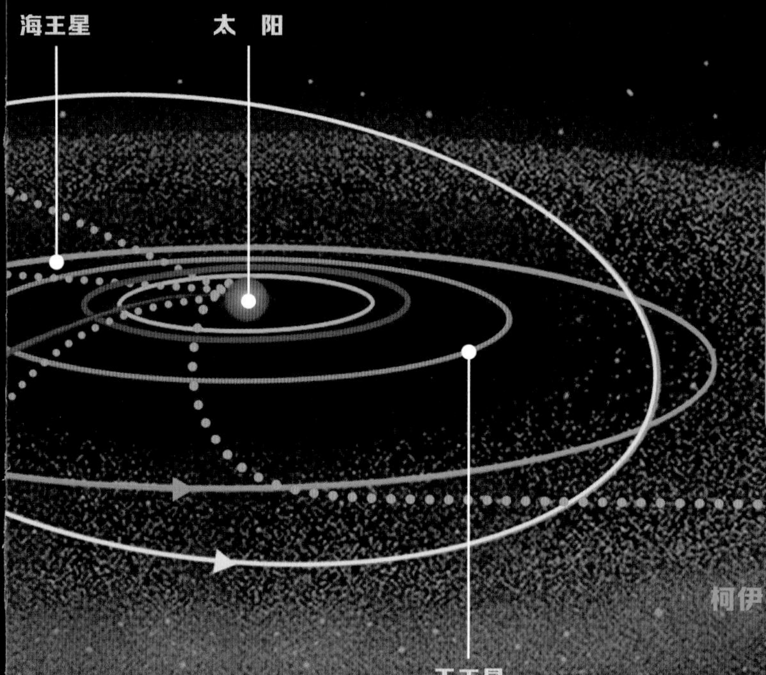

先驱者10号 | 1972年

它成功穿越了小行星带，首次探测了木星。完成探测任务后，它又去往更远的太空继续探索。1983年6月，它飞越海王星的轨道，进入柯伊伯带。2003年1月23日，在距离地球122.3亿千米处，它向地球发送了最后一个信号，此后便与地球失去了联络。

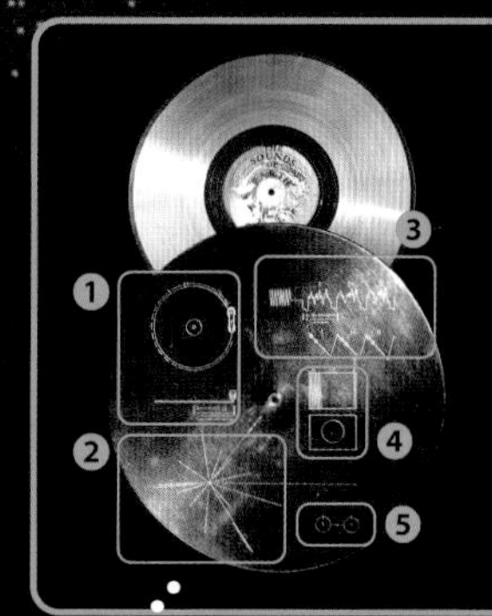

❶ 使用说明：展示了唱片和唱针的使用方式

❷ 太阳相对于 14 颗脉冲星的位置

❸ 视频信号：展现了视频信号的机制，分别为唱片播放时的波形和二进制编码形成图像的方法

❹ 影音内容：包括图像、声音和音乐等，如果能准确解读，将出现矩形中所示的圆形

❺ 氢原子自旋跃迁示意图

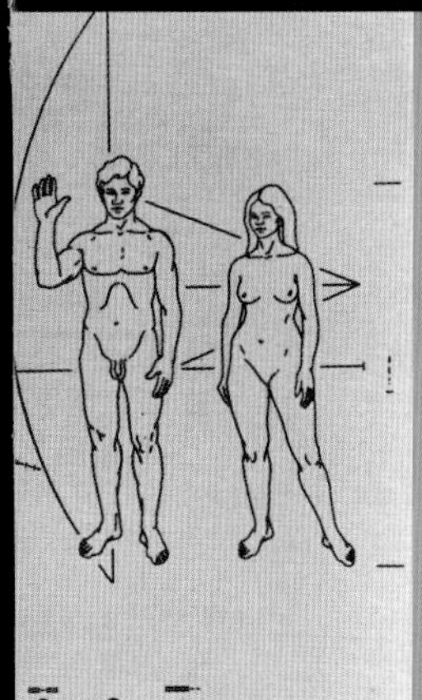

“地球名片”

先驱者10号和11号分别携带着一张“地球名片”。这是一块镀金铝板，长229毫米，宽152毫米，上面记录着太阳系的方位、地球的基本信息，以及男人和女人——地球人类的形象。科学家期待未来有一天外星生命能向地球发来问候。当然，这也有一定风险。

“地球之音”

旅行者1号和2号各带了一张名为“地球之音”的金色唱片，上面记载着如下内容：地球的信息和地球人的生活方式的图片；人类55种语言问好的方式，包括中国的普通话、闽方言、粤方言和吴方言等；长达90分钟的世界名曲，包括中国传统名曲《高山流水》；海浪、鸟啼、雷鸣与鲸歌等来自大自然的声音。这张唱片可以在宇宙中保存10亿年。

“地球”是唯一的吗？

对于人类来说，太阳系是最特别的恒星系统，地球是最特别的天体，它们之间不近不远的距离和相互作用，使地球上孕育出繁茂的生命。那么，别的星系会不会也恰好存在另一个“地球”呢？

“邻居”比邻星

广阔无垠的宇宙中有无数颗恒星，离太阳最近的恒星叫比邻星。它位于半人马座，又称半人马座 α 星 C，距离地球约 4.22 光年。

比邻星是一颗红矮星，质量约为太阳的八分之一。事实上，它是半人马座三颗恒星系统中的第三颗星，另外两个伙伴是南门二 A 和南门二 B。三颗星相互运转，因此在不同时期，“距离太阳最近的恒星”的称号由这三颗星轮流获得。

宇宙之大，虽与太阳比邻，但比邻星也远得无法企及。以目前人类所掌握的航天技术来看，我们还无法到达比邻星。如果旅行者 2 号以当前速度继续前进，它也需要花 75000 年才能到达比邻星。

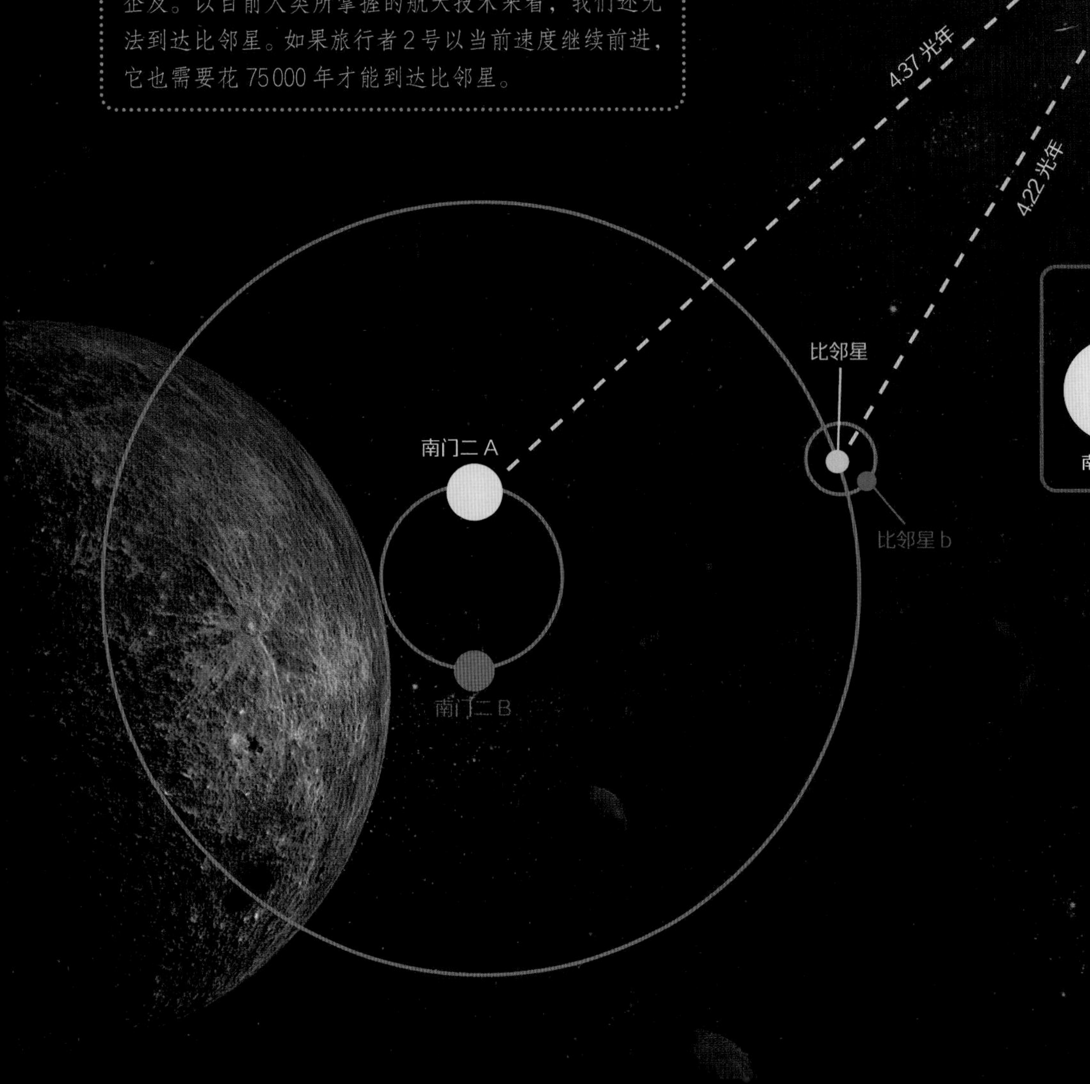

太阳系

4.37 光年

4.22 光年

比邻星

南门二 A

南门二 B

比邻星 b

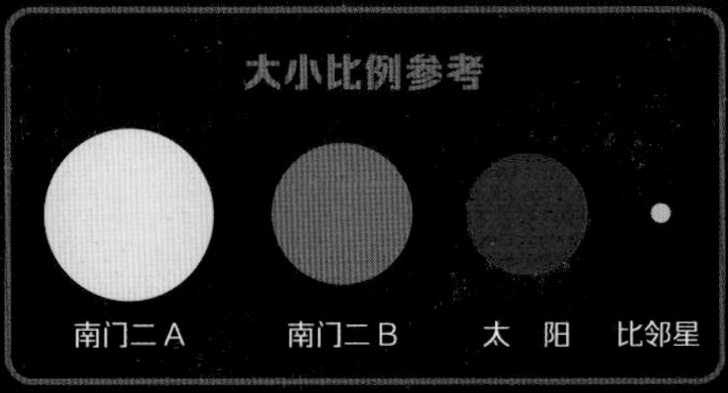

大小比例参考

南门二 A　南门二 B　太　阳　比邻星

哈勃空间望远镜拍摄到的比邻星

银河系里的其他邻居

如果将我们的视野拓宽到 20 光年，那么太阳系的邻居就更多了。这个范围内已发现 94 个恒星系统、131 颗恒星。这些恒星中，有 103 颗主序星（80 颗红矮星、23 颗典型恒星）、6 颗白矮星、21 颗褐矮星和 1 颗亚褐矮星。在茫茫宇宙中，尽管这些天体与地球的距离相对较近，但只有约 22 颗是可以用肉眼看见的。

盖亚空间望远镜负责观测银河系中的恒星。根据它 2018 年 4 月发布的观测数据，科学家估计，在未来 1500 万年，有 694 颗恒星会涉足以 16.3 光年为界的区域，其中 26 颗极有可能处于 3.3 光年内，7 颗位于 1.6 光年内。

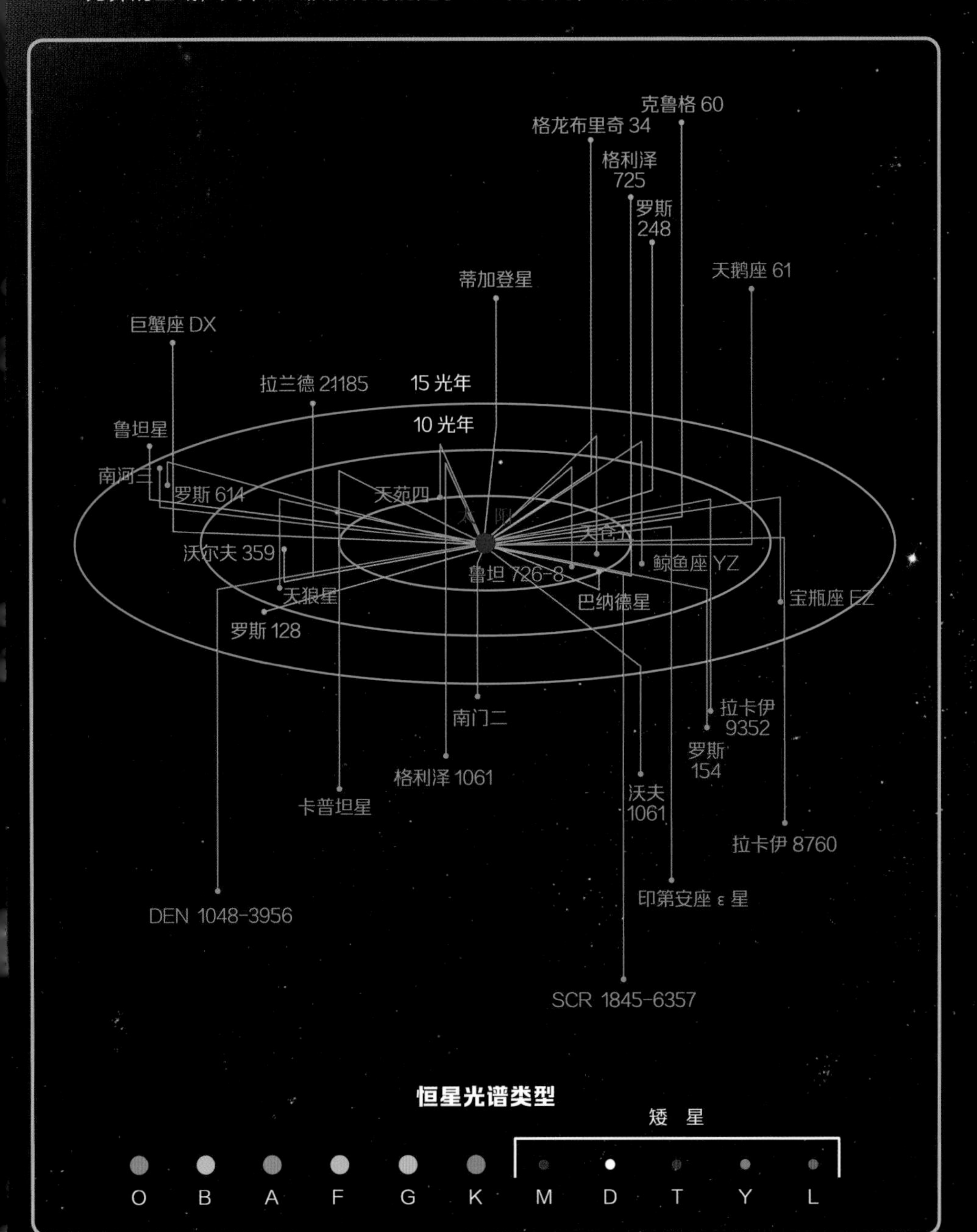

孕育新生命的可能

2016 年，欧洲南方天文台宣布发现比邻星有一颗行星，并将其命名为比邻星 b。比邻星 b 位于比邻星的宜居带内，距离地球约 4.2 光年。它的温度适宜，水可以以液态存在于它的表面。但由于比邻星是红矮星，并且会爆发辐射极大的强耀斑，科学家至今还无法确定比邻星 b 是否支持生命的诞生。

比邻星 b 可谓“冰火两重天”。它的一面始终朝向母恒星比邻星，接受来自母恒星释放出的热量、辐射等，另一面则一直处于黑暗寒冷之中。

这两个极端之间有一个名为晨昏圈的交界地带。那里的温度可能在 0 ℃左右，适合液态水的存在。所以，晨昏圈附近很有可能成为宜居地带。

知识加油站

光年虽有“年”字，却不是时间单位，而是天文学上一种计量天体距离的单位，表示光在真空中沿直线传播一年时间所走过的距离。光速约为 30 万千米/秒，所以 1 光年相当于约 9.46 万亿千米。

速度，速度

我们都知道，只有当飞船达到一定速度时，它才能摆脱地心引力，离开地面。同样的，太阳系也有巨大的引力，要想让飞船飞出太阳系，关键在于飞船的速度。

摆脱引力的速度

第一宇宙速度：当发射速度达到7.9千米/秒时，人造卫星可环绕地球运行。

第二宇宙速度：当发射速度达到11.2千米/秒时，人造卫星挣脱地球引力，开始绕太阳运动，或飞到其他行星上。

第三宇宙速度：当速度达到或大于16.7千米/秒时，人造卫星可以挣脱太阳的引力，飞到太阳系以外的宇宙空间。

以光速飞行

天体之间的距离比我们想象的要远得多，即使飞船以30千米/秒的速度飞行，到达比邻星也需要4万多年。以人类目前的火箭推进技术，飞船不可能实现较为快速的恒星际飞行。据科学家推测，到21世纪末，飞船的最大航行速度可能达到300千米/秒。以这个速度计算，到达比邻星也需要4000多年。著名科学家、科幻片《星际穿越》科学顾问基普·索恩预言，未来接近光速的技术可能有3种：热核聚变推进技术、激光束与光帆技术和双黑洞的引力助推技术。

核聚变火箭概念图

热核聚变推进技术

核聚变火箭是一种理论上以核聚变能量作为推动力的火箭。它能够提供高效且持续的太空推进力，从而减少燃料携带量。

激光束与光帆技术

在月球上建立一个太阳能激光阵列，它能产生功率高达7.2万亿瓦的激光，再利用透镜将其聚焦至光帆，激光的光压能推动光帆和飞船加速向前。利用这种方法，飞船到达比邻星只需要80年。

光 帆

双黑洞的引力助推技术

众所周知，黑洞的质量非常大，比太阳的要大得多。当一艘飞船靠近黑洞时，它获得的速度增量势必非常大。如果能利用双黑洞互相绕转，反复对飞船进行加速，飞船的速度或许可以接近光速。

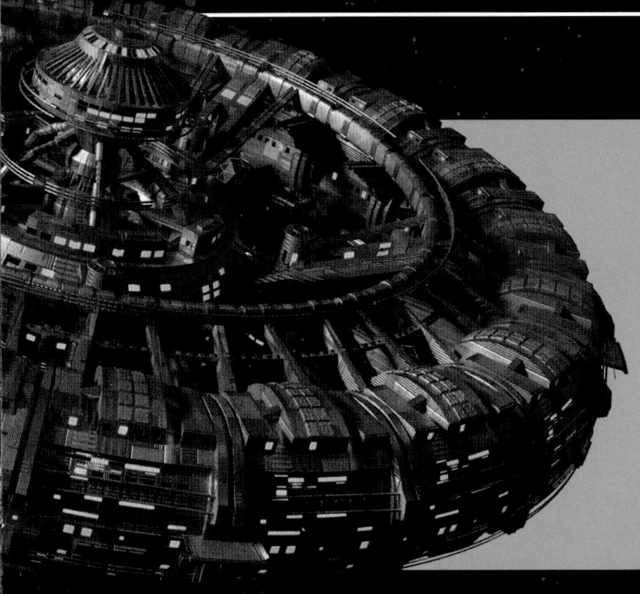

翘曲驱动

要想为飞船增速，还有一个方法是利用翘曲驱动原理。在引入翘曲驱动的概念之前，我们先看一个日常生活中的例子。一条小船在平静的河流上航行，河面没有波澜，我们可以将河流的曲率视为 0，此时河面的小船不会加速航行。突然，前方出现一个飞流直下的瀑布，瀑布的曲率被认为是无穷大，那么小船就会迅速达到超高的速度。由此，人们得到了启发，开始思考，如果太空空间中始终存在较大的曲率，那么飞行中的太空船就会不断被加速。这就是翘曲驱动的原始概念。

事实上，宇宙空间的确不是平坦的。如果把宇宙想象为一张大膜，这张膜的表面是弧形的，甚至整张膜可能是一个超级巨大的“肥皂泡”，局部看似平面，但空间曲率无处不在。

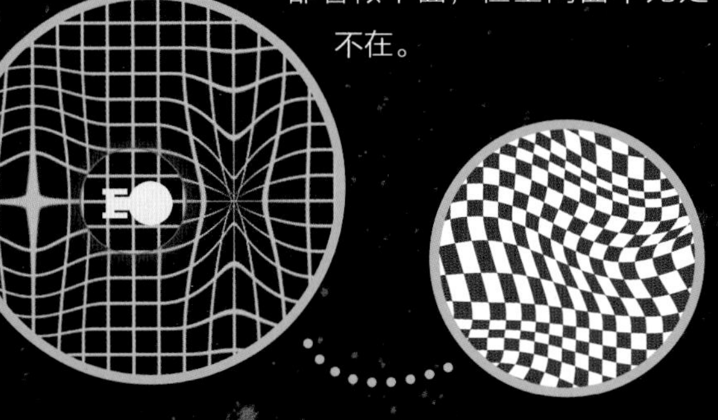

银河系看上去就像一个大圆盘，星系里的天体都在各自的轨道上围绕银河系中心旋转。科学家发现，这个“大圆盘”并不平整，而是翘曲的。事实上，星系的翘曲结构并不罕见，宇宙中的很大一部分旋涡星系都存在或多或少的扭曲。

黑洞不断吸入物质，质量不断增加，所造成的时空翘曲也越来越强。

翘曲驱动器

翘曲驱动器是一种可以扭曲空间的装置，根据翘曲驱动器的理论，飞船可以在前方压缩空间，在后方扩展空间，简单来说，就是将 100 米的空间压缩成 1 米，虽然飞船的速度不变，但是只需要前进 1 米，就可以到达 100 米处的目的地。倘若有一天翘曲驱动器成为现实，人类将能够实现更远距离的太空旅行。

翘曲驱动器概念图

穿越时空的虫洞

我们知道，航天器要具备极快的速度才能穿越宇宙空间。那除了提高速度以外，有没有其他“捷径”能够快速穿越宇宙呢？

科幻小说家与物理学家的碰撞

1985 年的一天，著名天文学家卡尔·萨根正在创作一部描写人类与外星生命首次接触的科幻小说。女主人公艾丽通过黑洞，穿越 26 光年的距离，到达了遥远的织女星。这是整部小说中最令人震撼的情节，但是从物理学的角度来看，它却有点经不起推敲。于是，萨根给从事引力研究的理论物理学教授基普·索恩打了一通电话，为这一细节寻求技术咨询。经过一番思考和粗略的计算，索恩告诉萨根，黑洞无法作为星际旅行的工具，并建议萨根使用“虫洞”这个概念。经过一番调整，科幻小说《接触》出版，后来还被改编成了电影。

《接触》封面

卡尔·萨

虫洞是什么？

事实上，早在 1957 年，虫洞的概念就已经被提出。要解释清楚什么是虫洞，我们需要先退回到原始宇宙时期。

原始的宇宙诞生于虚无缥缈之中。在最初的时刻，宇宙处于一片混沌之中，就像一锅沸腾的稀粥，充满了时空泡沫。随着宇宙不断膨胀，时空泡沫逐渐演化为大量的宇宙泡，每一个宇宙泡会形成一个宇宙。我们目前所在的宇宙只是其中一个宇宙泡。

宇宙泡之间往往有隧道相连，而且隧道可能不止一条。有的隧道并不通向其他宇宙泡，而只连通同一个泡的两个部分。这些时空隧道都称为虫洞。研究表明，宇宙中可能存在两类可通过的虫洞，一类是长期开放并稳定存在的洛伦兹虫洞，另一类是可瞬间通过的欧几里得虫洞。

欧几里得虫洞

欧几里得虫洞是一种可瞬间通过的洞。如果这个虫洞连接的是两个宇宙，那么前往其他宇宙的人不需要花费任何时间，眨眼间便从我们面前消失，到达另一个宇宙。其他宇宙的来客也会突然出现在我们眼前，真是“来无影，去无踪”。

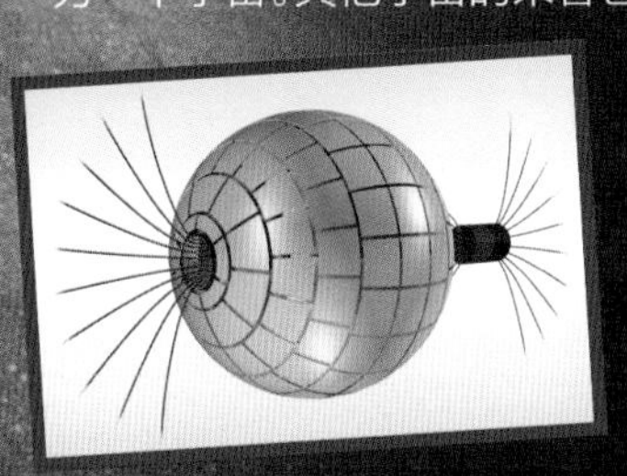

欧几里得虫洞概念图

如果这个欧几里得虫洞连接的是本宇宙中的两个地点，如北京和纽约，那么一个穿越此虫洞的人会瞬间从北京的天安门广场消失，现身纽约的帝国大厦顶端。想想看，这是多么炫酷的事情。

洛伦兹虫洞

我们可以把洛伦兹虫洞想象为日常生活里常见的隧道。穿过它，飞船可以去往其他宇宙，也可以通过它再返回。洛伦兹虫洞的两个开口可能存在于同一个宇宙泡中，也可能处于不同的宇宙泡中。要想从 A 点运动到 B 点，飞船有两条路可走，一条是穿过虫洞，另一条则不穿过虫洞。穿越虫洞的那条路明显短得多。

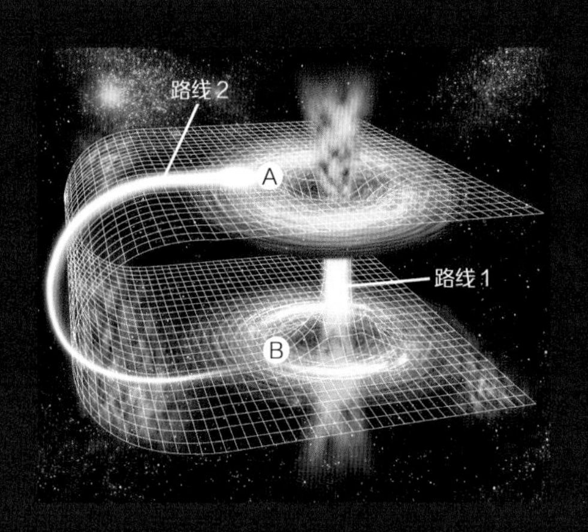

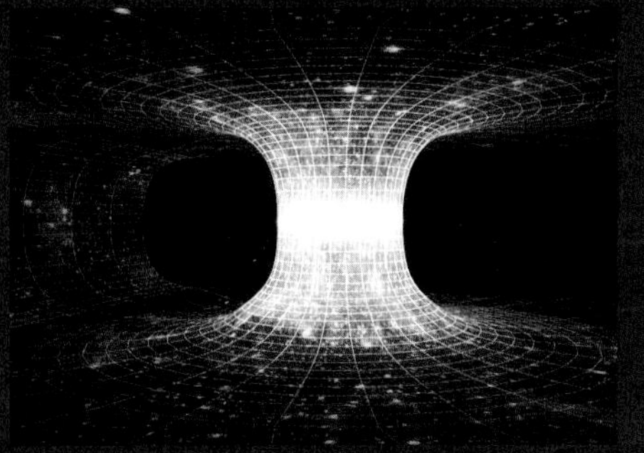

如果一对双胞胎各驾驶一艘飞船，从 A 点出发，一人穿过虫洞到达 B 点（路线 1），另一人不穿过虫洞到达 B 点（路线 2），两人飞行所需的时间一般说来不会相同。再次相会时，年龄也会有所差别。

萨根的小说顺利出版了，索恩对虫洞的思考却没有因此停止。三年后，索恩和他的学生麦克·莫里斯在《美国物理学杂志》上发表了一篇论文，题为“时空中的虫洞及其在星际旅行中的应用”，由此开创了研究“可穿越虫洞”的先河。

基普·索恩

知识加油站

虫洞目前只是一个假说，科学家还没有发现虫洞的入口或出口，更没有找到制造穿越虫洞航天器的可行方法。

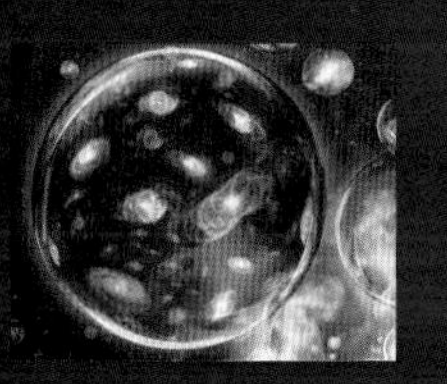

未来的太空旅行

人类探索太空的脚步从未停下，无论是在头脑想象中，还是在实际行动上。许多早前科幻作品中的设想，如今已经变为现实，而现在人们对太空旅行的设想，未来有一天可能也会实现。

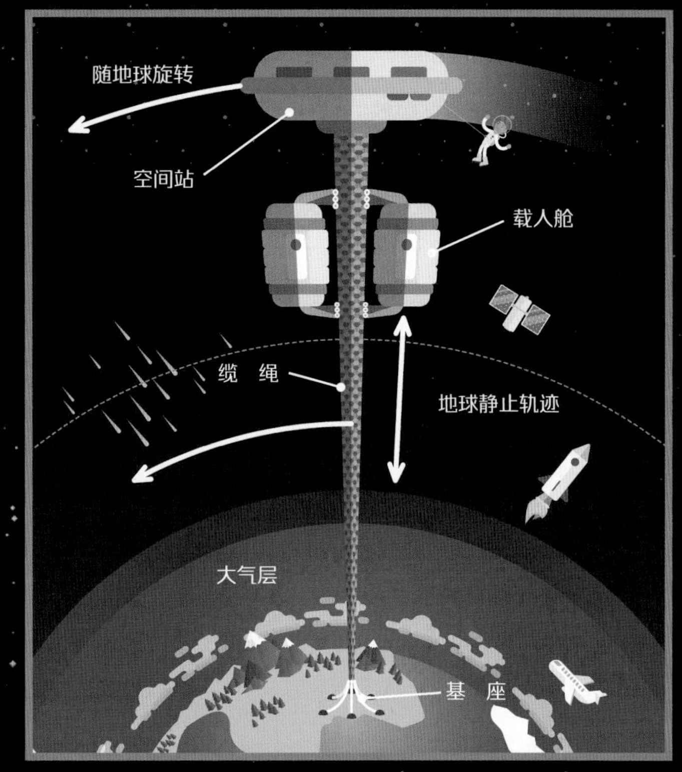

太空电梯的构造设想

太空电梯

英国科幻作家阿瑟·克拉克在小说《天堂的喷泉》中，描绘了一种连接地球与空间站的“太空电梯”。人类可以通过它向空间站运输物资，还能随时去太空旅游。

太空电梯的轨道距离地面 3.6 万千米，在轨道上运行的空间站相对于地球是静止的，电梯沿着一条长长的缆线上升，将人和货物从地面运送到空间站。

不过，建造太空电梯的工程量巨大，还有许多困难需要解决，如大气层的阻力、地球引力的影响、电梯所用材料的选择、陨星的撞击危险等。

旋轮空间站

许多科幻小说和电影中描述的空间站都是轮子形状的。这是巧合吗？为什么有这么多的巧合呢？

旋轮空间站的设想最早由康斯坦丁·齐奥尔科夫斯基提出，设计原理是利用圆盘旋转在太空中制造人工重力。航天员在旋轮空间站中生活时，感受到的失重相对较弱，能够在太空中过上如同在地球上的生活。1929 年，斯洛文尼亚裔奥地利火箭专家赫尔曼·波托奇尼克对此设想做了改进。

20 世纪 50 年代，德裔美国火箭专家沃纳·冯·布劳恩设想出了更细化的方案，并建议将其作为前往火星的基地飞船。这是一个直径 76 米、有三甲板的旋轮，预计可搭乘 80 人。

然而，建造旋轮空间站需要先克服许多技术难题，首要条件是要将空间站建造得足够大，才能产生与地球相似的重力感。

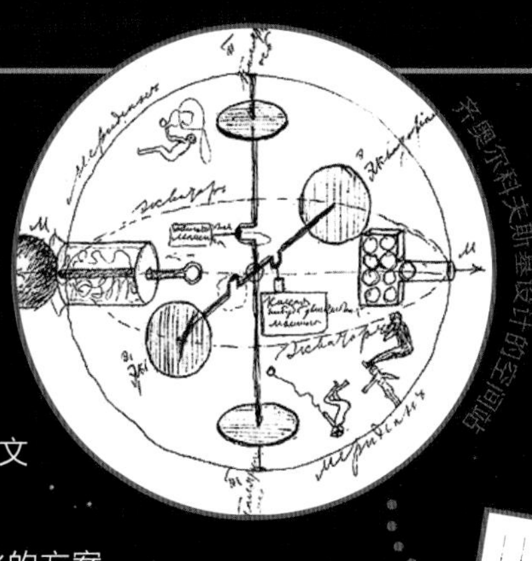
齐奥尔科夫斯基设计的空间站

赫尔曼·波托奇尼克设想的旋轮空间站

太阳系外的理想家园

科学家不仅致力于在太阳系内寻找适合居住的星球，还将目光投向了太阳系外。探测太阳系外天体的工作需要依靠深空望远镜，如开普勒空间望远镜、凌日系外行星勘测卫星、罗曼空间望远镜，以及中国的大视场巡天望远镜。它们的任务之一就是寻找太阳系外、银河系中适宜人类居住的星球。到目前为止，深空望远镜已经搜寻到数千颗地外行星，或许其中某一颗会成为人类的下一个理想家园。

罗曼空间望远镜

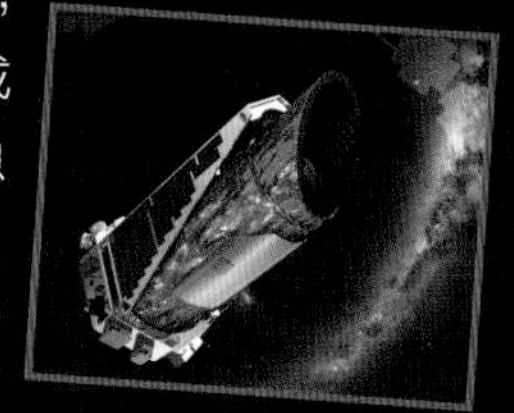
开普勒空间望远镜

星际移民

星际移民的情节在科幻电影和小说中早已屡见不鲜。现实中，从最初的月球，到金星、火星，再到巨行星的卫星，甚至太阳系外，科学家进行了诸多搜寻的尝试。

一开始，根据天体的大小和在太阳系中的位置，科学家推测金星很可能跟地球一样适宜人类居住，在发现它其实是一个“地狱”星球后，他们又把目光转向火星……

不可否认的是，虽然许多星球都可能存在生命迹象，但这不代表它们适合人类生活。也许人类还要很久很久，才能找到新的太空家园。目前，我们唯一能做的，就是好好保护地球，珍惜这个我们唯一的家园。

想象中的火星蔬菜种植

名词解释

矮行星：太阳系天体的一类，环绕太阳轨道运行，呈球形或近似球形，不能清除其轨道附近的其他物体。

比冲：火箭发动机单位质量推进剂产生的冲量，或单位质量流量的推进剂产生的推力。

虫洞：连接不同或相同宇宙泡的时空隧道，是一种理论上的时空结构。

发射窗口：又称发射时机，即允许航天器发射的日期、时刻及其时间区间。

光年：计量天体距离的单位，指光在真空中一年内所走过的距离。1光年约等于9.46万亿千米。

航天服：保障航天员在航天飞行过程中生命安全和工作能力的个人防护装备。

霍曼轨道：又称霍曼转移轨道、双切轨道，是一个椭圆形轨道，与内侧的天体轨道外切，与外侧的天体轨道内切，是行星探测器最节省能量的轨道。

柯伊伯带：位于海王星轨道以外，分布着数以亿计的固态小天体的环带区域，是短周期彗星的发源地。

翘曲驱动：一种理论上的推进系统，能让航天器在太空中以光速，甚至超出光速数倍的速度飞行。

软着陆：通过减速使航天器在接触地球或其他星球表面瞬时的垂直速度降至最小值（理想情况为零），从而实现安全着陆的技术。

深空机动：飞行器在轨飞行时，按照程序实施的一次变轨机动。通过深空机动可以改变探测器原有的飞行速度和方向，使其能够切换轨道，沿变轨后的轨道顺利飞行至目标星体。

太空行走：又称舱外活动。航天员离开航天器在空间进行的各项活动。包括安装、检查、维修设备，清洗仪器光学表面，展开设备，回收试验仪器和进行各种实验。

太阳帆：又称光帆、光子帆，是一种利用太阳光在柔性薄膜上的反射光压提供动力的航天器。

行星和行星际探测器：发射到行星和行星际空间，以探测行星和行星际空间为目的的空间探测器。

巡视器：人类发射到其他行星或卫星，可以在其表面移动，完成探测、分析等任务的机器。

引力：宇宙中物质之间普遍存在的相互吸引的力。

引力助推：利用行星或其他天体的相对运动和引力改变飞行器的轨道和速度，以此来节省燃料、时间和计划成本。

运载火箭：由多级火箭组成的航天运输工具。它的用途是把人造地球卫星、宇宙飞船、空间站或空间探测器等送入预定轨道。

载人飞船：由运载火箭发射，保障航天员在太空执行任务并安全返回地面垂直着陆的航天器。

作者简介

焦维新

北京大学地球与空间科学学院教授，中国空间科学学会空间探测专业委员会原副主任，中国宇航学会返回与再入专业委员会委员，中国气象学会空间天气学专业委员会委员，中国科普作家协会会员。代表作品有《太空探索》《去太空》《火星大揭秘》《行星科学》《太阳奇观》《飞越太阳系》《冥王星的故事》等。

中国少儿百科知识全书

太空之旅

焦维新 著

刘芳苇　邓雨薇 装帧设计

责任编辑 沈　岩　策划编辑 王乃竹　王惠敏

责任校对 陶立新　美术编辑 陈艳萍　技术编辑 许　辉

出版发行 上海少年儿童出版社有限公司

地址 上海市闵行区号景路159弄B座5-6层　邮编 201101

印刷 深圳市星嘉艺纸艺有限公司

开本 889×1194　1/16　印张 3.75　字数 50千字

2024年3月第1版　　2024年10月第2次印刷

ISBN 978-7-5589-1875-9/N・1275

定价 35.00 元

图书在版编目（CIP）数据

太空之旅 / 焦维新著. — 上海：少年儿童出版社，2024.3

（中国少儿百科知识全书）

ISBN 978-7-5589-1875-9

Ⅰ. ①太… Ⅱ. ①焦… Ⅲ. ①宇宙—少儿读物 Ⅳ. ①P159-49

中国国家版本馆CIP数据核字（2024）第033256号